图表精解
柑橘病虫害
诊断与防治

◎蔡明段　编著

广东省出版集团
广东科技出版社
·广　州·

图书在版编目（CIP）数据

图表精解柑橘病虫害诊断与防治 / 蔡明段编著 . —广州：
广东科技出版社，2011.3（2020.12重印）
（新农村新亮点 · 柑橘）
ISBN 978-7-5359-5455-8

Ⅰ . ①图… Ⅱ . ①蔡… Ⅲ . 柑橘类果树—病虫害
防治方法—图谱 Ⅳ . ① S436.66-64

中国版本图书馆 CIP 数据核字（2011）第 005973 号

出 版 人：朱文清
责任编辑：区燕宜
责任技编：彭海波
出版发行：广东科技出版社
　　　　　（广州市环市东路水荫路 11 号　邮政编码：510075）
销售热线：020-37592148/37607413
E -mail：gdkjcbszhb@nfcb.com.cn
Http：//www.gdstp.com.cn
经　　销：广东新华发行集团股份有限公司
印　　刷：广州市岭美文化科技有限公司
　　　　　（广州市花地大道南海南工商贸易区 A 幢　邮政编码：510385）
规　　格：889mm×1 194mm　1/32　印张 2.75　字数 80 千
版　　次：2011 年 3 月第 1 版
　　　　　2020 年 12 月第 6 次印刷
定　　价：15.00 元

CONTENTS 目录

【主要病害诊断与防治】

【主要虫害诊断与防治】

主要病害诊断与防治

柑橘黄龙病 [又称黄梢病]

症状表现	基本症状	春梢发病是在春梢转绿后，病株的叶片退绿变黄，呈均匀黄化。夏梢、秋梢发病时，抽生的新梢叶片在转绿期停止转绿，叶片暗淡无光泽，随后渐变黄叶而成黄梢，叶片呈均匀黄化或斑驳黄化。除叶片黄化症状外，病树早落叶，枝叶稀疏，矮小；开花早而多，落花严重，坐果率低；果实变小，畸形，不能正常着色，有的品种（椪柑、福橘、砂糖橘等）的果蒂附近为橙红色，其余部位暗绿色，称"红鼻"果。甜橙果淡黄绿色或青黄绿色，暗淡无光泽，成"青果"。
	症状类型	均匀黄化型，初期病树、幼年树和初结果树的新梢多表现此症状。
		斑驳型黄化，从叶脉附近，特别从主脉基部和侧脉顶端附近发生黄化，黄斑的形状和大小不一，逐渐扩大形成黄绿相间的斑驳，在春梢、夏梢、秋梢的病枝上以及初期和中、晚期病树上都易见到。
		缺素型黄化，又称"花叶"，主脉、侧脉及其附近的叶肉保持绿色，脉间的叶肉呈黄色，与缺锌、缺锰症状相似。
传播方式		远距离传播主要是带病接穗和带病苗木的调运，近距离传播是田间病源和柑橘木虱并存。柑橘木虱先在病树新芽上吸取汁液后转移到健康树上为害时，即行传病。不通过汁液摩擦和土壤传染。
诊断图片		

缺锌型黄化

雪柑初期症状（右）

叶片斑驳型黄化

诊断图片	斑驳型叶片及缺素状花叶（左上部） "红鼻"果　　均匀黄化型
防治关键	斑驳型黄化叶在不同品种的各梢期和早、中、晚期病树上均可见到，症状明显，这是田间诊断黄龙病树的依据。消灭越冬期活动力差的柑橘木虱成虫，是全年防治黄龙病的关键。
防治要点	● 禁止带病苗木、接穗进入无病区和新开垦的种植区；禁止在病区购买分散露地繁育的苗木；实行统一采购和种植无病苗。 　　● 培育无病苗木。苗圃地须选在无病区或远离柑橘种植区，最好采用塑料网纱全封闭式网棚育苗，并按柑橘无病毒繁育体系规程操作和管理。建立优良砧木母本园，自行采集种子，接穗剪取后，应用1 000倍盐酸四环素溶液浸泡2小时，随即用清水冲洗干净嫁接。 　　● 防治柑橘木虱。每次新梢抽发整齐，统一安排喷药。第一次喷药应在新芽抽出0.5~1.0厘米时进行，第二次喷药相隔7~10天，连续2~3次。在柑橘园附近不种植黄皮、九里香等芸香科植物，杜绝柑橘木虱转移寄主。 　　● 挖除病树。每年坚持三次检查四次挖除病株，即：秋梢期、冬季采果后检查和挖除，春芽萌发前补挖除；春梢转绿后至早夏梢抽发前检查和挖除；夏梢期间检查和认真挖除，减少秋梢的发病率。 　　● 种植后应按土地类型加强肥水管理；不要在老树旁边补种幼树，否则可能出现"后种先死"现象。

柑橘裂皮病 [又称剥皮病]

症状表现	是类病毒病害。砧木树皮纵向开裂，部分树皮剥落，树冠生长受抑制。病重植株树冠矮化，新梢少而弱，枝叶稀疏，有的叶片只有叶肉变黄而叶脉及叶脉附近绿色，类似缺锌症状。病树春季开花多，落花落果严重。带病苗木在苗期不表现症状，而在定植后2~8年开始发病。
传播方式	远距离传播通过苗木和接穗，沾有病树汁液的刀、剪或手与健康树韧皮部组织接触，可以传播。菟丝子也能传播该病。
诊断图片	 枳砧十月橘裂皮病　　　　裂皮病植株
防治关键	裂皮病防治要执行检疫制度，杜绝病苗和病穗传到无病区。选用江西红橘、红橘、枸头橙作砧木比较耐病。避免用枳、枳的杂种和檬檬作砧木。
防治要点	● 执行检疫制度，杜绝病苗和病穗传到无病区。 ● 通过茎尖嫁接脱毒培育无病毒母株，繁育无病苗木。 ● 嫁接刀或修剪等工具可用10%~20%漂白粉溶液消毒，或用1%次氯酸钠溶液消毒，时间为5~10分钟，再用清水冲洗擦干。苗木除萌蘖或果园抹芽放梢时，应以拉扯去芽的方法代替以手抹芽，避免因手污染病原而传播。 ● 选择耐病的砧木品种。

柑橘碎叶病

症状表现	柑橘碎叶病是一种病毒病害。病株的砧穗接合部环缢并呈黄环状，断面显黄褐色界层，在嫁接口以上的接穗部肿大，叶脉黄化，似环状剥皮引起的症状。剥开嫁接口部位的皮层，在接穗与砧木的木质部间有一圈缢缩线。受强风等外力影响，砧穗接合处易断裂，裂面光滑。
传播方式	通过嫁接和受污染的工具传播。

诊断图片

碎叶病叶片症状

碎叶病嫁接口症状（砧木右侧的蘖芽为枳）

防治关键	碎叶病防治关键要选用江西红橘、酸橘等耐病的品种作砧木，用枳、枳橙作砧木时较敏感。

防治要点

● 培育无病苗木。选择无病母本树剪取接穗繁殖苗木。在人工控制温度和光照温室内条件下，白天光照 16 小时，40℃，黑夜 8 小时，30℃对盆栽的带病植株进行热处理，40 天后取第 1 批萌发的新芽，进行茎尖嫁接可获得无病毒母树；或者在玻璃温室内，利用太阳光，通过夏季高温照射，白天温度在 40~50℃，每天达 8 小时，连续累积天数在 20 天以上（累积天数愈多愈好），然后促发新芽，剪取嫩芽进行茎尖嫁接。再经过无病毒繁育程序，培育无病苗木。

● 对不同来源的植株进行修剪整形时，应在剪完一株（或同一品种）母树后进行剪刀消毒，避免人为传播。消毒液可用 8~10 倍漂白粉溶液或 1% 次氯酸钠溶液，浸泡后用水冲洗。

● 选用江西红橘、酸橘等耐病品种作砧木。

柑橘溃疡病

症状表现	叶片	受害叶片开始为针头大、黄色、油渍状斑点，后扩大成近圆形的黄色或褐色病斑，穿透叶的两面，隆起，木栓化，表面粗糙，灰褐色，呈火山口状开裂。
	枝梢	枝梢和果实上的病斑与叶上的相似，但病斑隆起更显著，火山口开裂更为明显，木栓化程度更坚实，一般无黄色晕环。严重受害的枝梢干枯。
	果实	病果只限于果皮，不为害果肉，病果不变形，受害严重的果实提早脱落。
传播方式		借风雨、昆虫、枝叶接触摩擦、人为接触等传播。柑橘潜叶蛾防治不好时，造成的伤口也给病菌侵入提供了条件。远距离传播主要是带病苗木、接穗、果实等。
诊断图片		

叶片溃疡病症状   幼果溃疡病症状

（续表）

诊断图片	 溃疡病后期枝梢症状　　　　溃疡病叶片症状
防治关键	此病应以预防为主。5~9月为发病盛期，其防治要在春梢做起，不可在发现病斑时才喷药。
防治要点	● 严禁在溃疡病区调运苗木、接穗、种子和砧木苗，禁止从病区运入鲜果销售，防止病菌传播。在新区和无病区发展柑橘，应从无病苗圃购买苗木。同时，认真做好种植区内的发病调查，及时发现病株、病苗并进行彻底烧毁。 　　● 台风、暴雨多的地区，柑橘园应营造防风林及护园林，以减轻风速，减少损伤，降低发病程度。防治好每次新梢害虫，尤其要防治好潜叶蛾。合理施肥，控制夏梢生长；冬季做好清园工作，剪除病虫枝叶，收集落叶、枯枝、落果，集中烧毁，减少病源，结合防治其他病虫害喷0.8波美度的石硫合剂。 　　● 药剂防治。72%农用链霉素可湿性粉剂（1 000万单位）2 500倍液，10%溃疡宁可湿性粉剂500~600倍液，3%金核霉素水剂300倍液，53.8%可杀得2000干悬浮剂900~1 000倍液，57.6%冠菌清干粒剂1 000倍液，20%龙克菌（噻菌铜）悬浮剂500倍液，80%必备可湿性粉剂400~600倍液，50%DT（二元酸铜）可湿性粉剂600倍液，0.5%~0.8%波尔多液（硫酸铜0.5~0.8千克，石灰1~1.6千克，水100升）。波尔多液喷后应及时检查红蜘蛛、锈蜘蛛发生数量，并及时防治。
注意事项	夏梢、秋梢应在抽梢7~10天喷第1次药，每隔15天喷1次，直至新梢老熟，共喷3次。保护幼果应从谢花后10天喷第1次药剂，以后每隔15~20天1次，共3次。

柑橘衰退病

症状表现（三种形式）	速衰病	衰退病毒侵染以酸橙作砧木的甜橙、宽皮柑橘发病时，病枝上不抽或少抽发新梢，老叶失去光泽，出现古铜色或各种缺素状黄化，以后老叶逐渐脱落，病枝从顶部向下枯死，病树矮化。有时病树叶片突然萎蔫，急速衰退，称为速衰病，是一种毁灭性病害。
	苗黄病	苗黄病是衰退病毒侵染酸橙、尤力克柠檬、葡萄柚和多种柚品种的实生苗引起的病害，被害苗木黄化。
	茎陷点病	茎陷点病是衰退病毒侵染来檬、葡萄柚、大部分柚类品种和某些甜橙品种引起的病害。植株发病后在木质部出现凹陷点和凹陷条沟，严重时枝干外表出现纵向凹凸，果实变小，树势转弱。茎陷点病在某些柚产区发生严重，一般称柚矮化病，在一些甜橙园也可见到。
传播方式		传播途径是通过带毒的苗木和带毒的芽、皮和叶碎片嫁接传染，在田间主要通过褐色橘蚜、棉蚜、橘二叉蚜、绣线菊蚜、桃蚜等传播，其中褐色橘蚜的传病力最强。种子、汁液和土壤都不传病。
诊断图片		

衰退病枝叶症状　　衰退病陷沟

防治关键	以酸橙作砧木的甜橙高度感病，以酸橙作砧木的宽皮柑橘也感病，而枳、酸橘、红橘、枳橙、粗柠檬、檬檬和甜橙作砧木的甜橙和宽皮柑橘较耐病。在柑橘生长期要及时防治传播衰退病的各种蚜虫。
防治要点	● 在病区选用枳、酸橘、红橘等耐病品种作砧木。 ● 加强植物检疫，防止可引起甜橙茎陷点的强毒株系人为传入。 ● 在柑橘生长期要及时防治传播衰退病的各种蚜虫，具体用药方法见橘蚜防治部分。 ● 彻底铲除病株和已严重发病园。

柑橘疮痂病

症状表现	叶片	受害叶片初现油渍状小点，随之逐渐扩大，呈蜡黄色至黄褐色，后变灰白色至灰褐色，形成向一面突起、直径 0.3~2 毫米的圆锥形木栓化病斑，似牛角或漏斗状，表面粗糙。
	新梢	受害新梢病斑突起不明显，分散或连成一片，短小扭曲。
	果实	幼果发病呈茶褐色腐烂脱落，稍大的果实发病产生黄褐色木栓化的突起；果实中期发病，病斑往往变得不大显著，但皮厚汁少；果实后期症状病部果皮组织一大块坏死，呈癣皮状剥落，下面的组织木栓化，皮层较薄，易开裂。
传播方式		近距离借风雨和昆虫传播，远距离传播则通过带病的苗木、接穗和鲜果销售。
诊断图片		  成熟果实疮痂病症状　　嫩叶疮痂病症状
防治关键		新梢幼叶展开前最易感病，叶宽达 1.6 厘米以上即具抗病力，落花后不久的幼果也最易感病。疮痂病喷药保护重点是嫩叶和幼果，宜在芽萌动至长 2 毫米前、谢花 2/3 时喷药。
防治要点		● 药剂防治应根据病情具体情况来定喷药次数，一般 10~15 天喷 1 次。 ● 减少菌源，结合冬春季修剪，剪除带病枝叶和过密郁闭枝条，并清除地面枯枝落叶，随后进行针对性喷药，减少侵染源。 ● 新建果园时，选用无病苗木，病区接穗用 50% 苯菌灵可湿性粉剂 800 倍液浸泡 30 分钟，有良好的杀菌消毒效果。
推荐药剂		0.5%~0.8% 倍量式波尔多液，70% 普菌克可湿性粉剂 500 倍液，40% 多硫悬浮剂 300~500 倍液，12% 柔通（松脂酸铜）乳油 800~1 000 倍液，4% 嘧啶核苷类抗菌素水剂 2 000~2 500 倍液，10% 世高水分散粒剂 1 000 倍液，70% 安泰生可湿性粉剂 600 倍液，80% 大生 M-45 可湿性粉剂 600 倍液，50% 乙霉威多菌灵复配的可湿性粉剂 800~1 000 倍液，75% 百菌清可湿性粉剂 500~800 倍液。

柑橘炭疽病

症状表现	叶片	慢性型多发生于老熟叶片和潜叶蛾等造成的伤口处，干旱季节发生较多，病叶脱落较慢。病斑多在叶缘或叶尖，近圆形或不规则形，浅灰褐色，边缘褐色，与健部界限明显。 急性型常在叶片停止生长而老熟前发生，多从叶缘和叶尖或沿主脉产生淡青色或暗绿色似沸水烫伤的小斑。后迅速扩展成水渍状波纹大斑块，边缘不清晰，病斑呈近圆形或不规则形，甚至达大半片叶片，自内向外颜色逐渐加深，外围常有黄晕，有的有 0.5~1 毫米的暗褐色细边，与健部区别明显。急性型叶片炭疽病在春季常因柑橘树大量开花导致树势突然下降而发生，常造成全株严重落叶。连续降雨、园区积水、排水不畅是发病的重要原因。
	枝梢	急性型症状常发生在阴雨连续的天气，在刚抽生的嫩梢顶端 3~10 厘米处突然发病，如开水烫伤，3~5 天后嫩梢嫩叶凋萎，发病处生出朱红色小液点。 慢性症状多在 1 年生以上枝梢叶柄基部腋芽处发生，病斑初为淡褐色，椭圆形，后渐扩大成长梭形，稍凹陷，当病部扩大绕枝梢一圈时，病梢从上而下枯死，呈灰白色。病枝上的叶片往往卷缩干枯，经久不落。
	枝干	大枝主干发病后，初期病斑不明显，当受害方位的叶片青枯而不带叶柄大量脱落时，病树树皮成褐色腐烂，并有浓的酒糟味。病斑多为梭形、长椭圆形，条状或其他形状。
	花朵	花朵发病，雌蕊柱头受害，常出现褐色腐烂，引起落花。果梗被侵染，初期褪绿成淡黄色，后成褐色干枯，流出胶质或无流胶，呈枯蒂状，俗称"梢枯病"，果实随之脱落，造成采前大量落果。
	果实	果实受害，幼果发病初为暗绿色油渍状不规则病斑，后扩大至全果，病斑凹陷，变为黑色，成僵果挂于树上；大果受害，其症状则有干疤型、泪痕斑型和腐烂型 3 种类型。干疤型多以果腰发生，病斑圆形或近圆形，黄褐色或褐色，革质状微下陷，发病组织不深入果皮下；泪痕斑型则在果面有若干条如眼泪痕的长斑，上有许多红褐色小突点组成；腐烂型在贮藏期发生，贮藏至中、后期果多见。一般从果蒂部位开始，初期淡褐色，后来颜色变深而腐烂。
	苗木	苗木发病，常从嫩梢顶端第 1~2 片叶如烫伤症状，随后逐渐向下蔓延，或在离地面 10 厘米左右处和嫁接口处发病，病斑深褐色，向上和四周扩展，病部以上枯死，病斑上散生黑色小点。
传播方式		病菌借风雨和昆虫传播，从伤口、气孔或直接穿透表皮入侵寄主组织，引致发病。

诊断图片	 枝梢炭疽病症状　　果蒂炭疽病症状　　炭疽病叶片症状
防治关键	病枝叶是病菌初侵染的主要来源；品种间以甜橙、椪柑、温州蜜柑和柠檬发病较重。在发病初期即要进行喷药防治，春梢、夏梢、秋梢期及冬季各喷药 1 次。
防治要点	● 增施有机肥，改良土壤，实行氮磷钾及微肥的配方施肥。果园种植绿肥或有益杂草，提倡生草法的栽培管理。秋冬干旱和春季干旱应及时淋水或灌水；雨季则要及时排水。有冻害地区，应在每年冻害来临之前进行防冻，减少因冻害造成的伤口。 ● 一般在春季花期、幼果期、每次新梢抽出期和冬季，根据树势壮弱和原来炭疽病的发生情况，在每个时期及时喷药保护 1~2 次。有效药剂：70% 甲基托布津可湿性粉剂 800~1 000 倍液，50% 施保功（咪鲜胺）乳油 1 500 倍液，25% 施保克（味鲜胺）乳油 1 000 倍液，25% 凯润（吡唑醚菌酯）乳油 1 500~2 000 倍液，40% 倾城（腈菌唑）水分散粒剂 2 000~2 500 倍液，25% 炭特灵可湿性粉剂 300 倍液，80% 大生 M-45 可湿性粉剂 600 倍液，70% 安泰生可湿性粉剂 600 倍液，或喷布 0.3~1.0 波美度石硫合剂（依季节、气温确定不同的浓度），亦可使用 0.5 : 0.5 : 100 波尔多液喷布。 ● 及时进行修剪，剪除病虫害枝条，清理枯枝落叶，集中烧毁，并及时喷布有效农药，减少越冬菌源。同时做好防治其他病虫害，减少和避免伤口。

柑橘脚腐病 [又称裙腐病]

症状表现	发生在柑橘主干基部，栽植过深的幼树多从嫁接口处开始发病，引起皮层腐烂、须根死亡，病部可达木质部。病斑大多数发生在根颈部，病部皮层为不定型，水渍状，腐烂，有酒糟味，常流出褐色胶液。在高温多雨季节，病斑迅速向纵横扩展，向上蔓延至主干离地面30厘米左右，向下蔓延至根群，引起主根、侧根、须根大量腐烂。横向扩展可使根颈树皮全部腐烂，造成"环割"，植株死亡。天气干燥时，病部干枯开裂，与健部界限明显。与发病部位相应方位的树冠上，叶片失去光泽，叶片中脉及侧脉变黄，易落叶，随病情加重，引起整株树冠叶片病变，枝枯，树势衰弱。植株常花多果少，病树的果大、皮厚而粗糙，或果小，提早着色，风味极差。
传播方式	病菌以菌丝体或厚垣孢子在病树和土壤中的病残体上越冬，成为初侵染来源，通过雨水传播，再由伤口侵染新的植株。
诊断图片	

全部皮层延至根部腐烂，木质部坏死　　　　　脚腐病症状

（续表）

诊断图片	 脚腐病为害致植株枯死　　幼年树脚腐病致全株枯死
防治关键	脚腐病的防治要选用抗病砧木，如枳、红橘、酸橙、柚等，但砧木的利用应考虑最佳砧穗组合。
防治要点	● 选用抗病砧木，但应考虑最佳砧穗组合和其他病害的干扰及土壤条件等因素，如：甜橙嫁接在柚砧上，表现不亲和；枳对碎叶病敏感，也不耐碱性和碳酸钙含量高的土壤；酸橙对衰退病敏感。同时，用抗病砧木嫁接时，还需适当提高嫁接口位置。 ● 药剂治疗。发病季节要普查田间发病情况，发现病树要把根颈部土扒开，刮除腐烂部分，纵刻病部，深达木质部，刻道间隔 1 厘米，然后涂 25% 甲霜灵（雷多米尔、瑞毒霉、甲霜安）可湿性粉剂 100~200 倍液，90% 三乙膦酸铝（疫霉灵、疫霜灵、乙磷铝）可湿性粉剂 200 倍液，或用石硫合剂渣加新鲜牛粪及少量理发店的碎发敷病部或用 1% 硫酸铜溶液洗净病部再用 1∶1∶10 的波尔多液浆敷上。部分地区果农的经验是：刮除病树后，挖除树干基部带菌泥土，填上河沙新土，经 4~6 个月，就会治愈，并长出新根。 ● 搞好排灌系统，防止果园积水；覆盖防晒，改善土壤结构；及时防治天牛、吉丁虫、独角犀等为害基部皮层的害虫；农事操作应避免损伤基部树皮。合理密植，及时理伐，让果园通风通光，降低空气湿度。

柑橘树脂病

症状表现	流胶和干枯	枝干受害后，引起皮层坏死，初期呈现暗褐色油渍状病斑，皮层组织松软并有小裂纹，流出淡褐色至褐色胶液，并有似酒糟气味，也有病部流胶现象不明显的干枯型，在高温干燥情况下，病部逐渐干枯下陷，病部周围产生愈伤组织，已死亡的皮层剥落，露出木质部，周围呈突起疤痕。干枯病部的木质部均变浅灰褐色，并在病健交界处有一条黄褐色或黑褐色的痕带。在病部上可见到许多小黑点。
	砂皮和黑点	新叶、嫩枝和未成熟果受害后，病部表面呈现许多散生或密集成片的黄褐色或黑褐色硬质小粒点，隆起，手摸表面粗糙，有砂纸之感，称之"砂皮"。
	蒂腐	在贮藏条件下，主要特征为环绕蒂部出现水渍状褐色病斑，革质，有韧性，用手指轻压不易破裂，病斑边缘呈波纹状，病果内部腐烂比果皮快，当外部果皮 1/3~2/3 腐烂时，果心已全部烂掉，称之"穿心烂"。
	枝枯	枝条顶部呈现明显的褐色病斑，病健交界处常有少量胶液流，严重时整枝枯死，表面散生无数小黑粒点。
传播方式		病菌借风、雨、昆虫等媒介传播，萌发芽管从伤口侵入，引起发病，并再产生分生孢子器和分生孢子，进行重复侵染。
诊断图片		

星状砂皮病　　　　　　　　幼小枝级切面病菌已侵入木质部（箭头位）

（续表）

诊断图片	 砂皮病果实　　　　　　甜橙叶片砂皮病（左叶背症状）
防治关键	病健部交界处有一条黄褐色或黑褐色带痕，为该病的特有症状。病部栓皮层上和外露的木质部上，可见到许多小黑点。冻伤、机械伤、虫伤等造成大量伤口都有利于发病。树脂病春梢萌发期、花落 2/3 及幼果期各喷药 1 次防治叶和幼果上的病害。
防治要点	● 加强栽培管理，增强树体抗病力。果园增施有机肥，改良土壤，防旱防涝。营造防风林，改善环境和生态条件，防寒防冻，及时防治害虫，避免造成伤口，合理修剪，保护枝干，主干涂白防冻防晒等，做好冬季清园工作，以减少果园病菌来源。 ● 药剂防治。在春梢萌发期、花落 2/3 及幼果期各喷药 1 次防治叶和幼果上的病害，可用 0.5%~0.8% 石灰等量式波尔多液，50% 退菌特可湿性粉剂 500~600 倍液，70% 甲基托布津可湿性粉剂 800~1 000 倍液，5% 灭菌速杀（菌毒清）600~1 000 倍液，10% 世高水分散粒剂 1 000~1 200 倍液。对已发病的枝干，采用纵刻病部，涂药治疗，涂药时期 4~5 月和 8~9 月，每周 1 次，共涂 3~4 次，可用 50% 多菌灵可湿性粉剂 100 倍液或 70% 托布津可湿性粉剂 100 倍液，80% 大生 M-45 可湿性粉剂 100 倍液。也可用 8%~10% 冰醋酸或树脂净原液，80% 代森锌可湿性粉剂 20 倍液，1 ∶ 4 浓度的食用碱水，50% 苯菌灵可湿性粉剂 200 倍液涂抹。

柑橘流胶病

症状表现

　　发病初期皮层出现红褐色小点，疏松变软，中央裂开，流出露珠状胶液，以后病斑扩大，病斑为不规则形，流胶增多，后期症状有的病树树干受害后，病部皮层褐色且湿润，有酒糟味，病斑沿皮层向纵横扩展。病皮层下产生白色层，病皮干枯卷翘脱落或下陷，剥去外皮层可见白色菌丝层中有许多黑褐色、钉头状突起小点。在潮湿条件下，小黑点顶部涌出淡黄色、卷曲状的分生孢子角。流胶造成主干输导组织坏死，叶片主、侧脉呈深黄色，叶肉淡黄失去光泽，出现早脱落，枝条枯死，树势衰弱，产量低，果质劣。苗木多在嫁接口、根颈部发病，病斑周围流胶，流胶多在根颈部以上，使树皮和木质部容易腐烂，导致全株枯死。

传播方式

　　病菌在病组织中越冬是翌年侵染的来源。以高温多雨季节发病重，菌核引起的流胶在冬季发生最盛。在有伤口和病原菌存在的情况下，发病率高。

诊断图片

栽条树干均流胶状　　　　　　　　　　树干流胶状

防治关键

　　本病与柑橘树脂病引起的流胶型症状的主要区别是：柑橘流胶病不深入树干木质部为害。

防治要点

　　● 加强栽培管理，注意园地排水，尤其在多雨季节，应及时排除园内积水；加强肥水管理，增施有机肥料，改良土壤，促使根群生长旺盛，实行配方施肥，增强树体抗病力，并及时防治其他病虫害为害。

　　● 结合冬季清园，修剪病虫害枝条和枯枝，创造通透性良好的园区环境，清洁园地落叶残枝，减少越冬病源。

　　● 病树治疗。在发病季节经常检查柑橘树，发现病株应立即用药治疗。在病部采用"浅刮深刻"的方法。先用利刀把病皮刮除干净，再纵切深达木质部的裂口数条，然后用 70% 甲基托布津可湿性粉剂或 50% 多菌灵可湿性粉剂 100 倍液，或 90% 乙磷铝可湿性粉剂 100~200 倍液，或大生 M-45 可湿性粉剂 1∶50~1∶100 倍液，75% 百菌清可湿性粉剂 100~150 倍液涂敷伤口。敷药后应常检查，每隔一定时间进行补敷。

　　● 树干涂白，防晒防冻，防治枝干害虫造成伤口。

柑橘煤烟病 [又称煤污病、煤病]

症状表现	开始时在叶片、枝梢或果实表面出现灰黑色的小霉斑，以后逐渐扩大，最后形成灰色、暗褐色或黑色霉层。柑橘煤烟病的不同病原种类引起的症状各异。刺盾炱属的霉层似锅底灰，煤层较厚，为绒状，用手擦之即成片脱落，多在叶面；煤炱属的煤层为黑色薄纸状，自然脱落或容易撕下；小煤炱属的霉层呈放射状小霉斑，分散在叶面、叶背和果实表面，煤层不扩展覆盖全叶，严重时一叶上常有数十个乃至上百个小霉斑，其菌丝产生吸胞，能紧附在寄主表面，不易剥落。
传播方式	以菌丝体及子囊壳或分生孢子器在病部越冬，次年春季由霉层孢子飞散，借风雨传播。病菌大部分种类以粉虱类、蚧类、蚜虫类害虫的分泌物为营养，并随这些害虫的活动消长、传播与流行。
诊断图片	 粉虱诱发的煤烟病　　小煤炱属煤烟病
防治关键	煤烟病以5~6月和9~10月发病严重。及时防治蚧类、粉虱类、蚜虫，是预防煤烟病发生的关键。
防治要点	● 适时对粉虱、蚜虫、蚧类进行防治。尤其应及时防治柑橘粉虱、黑刺粉虱等极易诱发严重煤烟病的害虫。清除煤污可在晴天喷10~12倍面粉液或米汤液。面粉液用面粉1千克加水3~4升搅匀后放入锅中煮沸即成，使用时按比例加水即可。喷布机油乳剂200~250倍液，或雨后对叶面撒布石灰粉可使霉层脱落。 ● 小煤炱属引起的煤烟病防治：6月中下旬及7月上旬各喷1次铜皂液（硫酸铜0.5千克，松脂合剂2千克，水200升），在发病初期喷0.5%石灰倍量式波尔多液，可抑制蔓延，也可喷70%甲基托布津可湿性粉剂600~800倍液。 ● 加强栽培管理，合理修剪，改善果园通风透光条件，有助于减轻该病发生。

柑橘白粉病

症状表现	主要以成年树的嫩叶、新梢和幼果受害。在嫩叶正、反两面呈现白色霉斑，大多近圆形，外观疏松，霉斑由中心向外扩展。霉层下面叶片组织最初呈水渍状，逐渐失绿，形成黄斑。严重时病斑布满全叶，使较嫩的叶片枯萎、较老的叶片扭曲畸形。叶片老化后，病部白色霉层转为浅灰褐色。嫩枝和幼果病斑，初期与叶片上的相似。但寄主组织无明显黄斑，后期病斑连片，白色菌丝扩及整个嫩枝和幼果。果小味酸，失去食用价值，严重时脱落。
传播方式	病菌4~5月春梢生长期产生分生孢子，由风雨传播在雨滴中萌发侵染，继而重复侵染，为害夏梢、秋梢。

诊断图片

白粉病为害状　　　　　　　　　柑橘白粉病叶片症状（徐长宝　提供）

防治关键	金柑未见发病，温州蜜柑发病较轻，而椪柑、砂糖橘（十月橘）、红橘、四季橘、甜橙、酸橙、葡萄柚受害明显。柑橘白粉病防治要加强栽培管理，增施有机肥和钾肥，增强树势，提高抗病力。
防治要点	● 加强栽培管理，增施有机肥和钾肥，增强树势，提高抗病力。结合修剪，剪除病枝和过密枝条，集中烧毁，做到通风透光，完善排灌设施，降低果园湿度，减少病源。 　　● 药剂防治。冬季清园期，喷布0.8~1.0波美度石硫合剂1次，在春季新梢抽发期喷0.3~0.5波美度石硫合剂或70%甲基托布津可湿性粉剂800~1 000倍液，每隔10天喷1次，连喷3次，或喷15%粉锈宁可湿性粉剂500~800倍液，30%百美（醚菌酯）悬浮剂2 000~2 500倍液。

柑橘脂点黄斑病 [又称黄斑病、脂斑病、褐色小圆星病]

症状表现	脂点黄斑型	发病初期在叶背上出现针头大小的褪绿点，半透明，其后扩展成大小不一的黄斑，并在叶背出现为疱疹状淡黄色突起小点，几个或数十个群生在一起，以后随叶片老熟，病斑扩展老化，变为褐色至黑褐色的脂斑。每个病斑相对应的叶面可见到不规则黄斑，边缘不明显。该类型主要在春梢叶片上发生，常引起叶片提早脱落。
	褐色小圆星型	发病初期出现赤褐色芝麻粒大小近圆形斑点，以后稍扩大成圆形或椭圆形斑点，病斑边缘突起色深，中间凹陷色稍淡，以后变成灰白色，其上有小黑点分生孢子器。该类型主要发生在秋梢叶片上。
	混合型	在同一片叶上有脂点黄斑型病斑，也有褐色小圆星型病斑。主要出现在夏梢叶片上。
传播方式		病菌以菌丝体在病叶和落叶内越冬，翌年春季气温回升至20℃以上时，菌丝体形成的子囊壳吸水膨胀，释放出子囊孢子，借风雨传播。5~6月温暖多雨时节，最有利于子囊孢子释放和传播。
诊断图片		

脂点黄斑病　　　　　　　　　脂点黄斑病叶片症状

（续表）

诊断图片	　拟脂点黄斑病症状　　　脂点黄斑病枝果
防治关键	未结果树春梢叶片展开初期喷药，结果树谢花 2/3 时喷药。
防治要点	● 搞好冬季清园，结合修剪剪除严重发病枝，疏通郁闭部位，使果园通透性良好。扫除地上落叶残枝，集中烧毁，以减少次侵染源。 ● 加强栽培管理，增施有机肥，增强树势，以提高抗病力。 ● 及时喷药防治，未结果树注意保护春梢叶片，春梢叶片展开初期、结果树谢花 2/3 开始喷第 1 次药剂，以后相隔 20 天再喷 1 次，曾严重发生该病的园区，在第 2 次喷药后隔 30 天，喷布第 3 次。可选用 50% 多菌灵可湿性粉剂，70% 甲基托布津可湿性粉剂 800~1 000 倍液，75% 百菌清可湿性粉剂 500~700 倍液。也可以在梅雨前 2~3 天喷第一次药剂，并相隔 1 个月喷布多菌灵百菌清混合剂（按 6：4 的比例混配）600~800 倍液，也可选用 70% 代森锰锌可湿性粉剂 500 倍液，53.8% 可杀得 2000 干悬浮剂 900~1 000 倍液。

柑橘赤衣病

症状表现	病菌主要为害植株枝条或主枝、叶片，亦有为害果实，严重时导致落叶、枝条干枯和落果，甚至整株枯死。赤衣病病部初期有少量树脂渗出，初生白色菌丝，后长成条形薄膜状菌丝体，紧粘在枝条或枝干的背阴面，外观光滑，无白粉状物，菌丝老熟后为赤褐色，用手可以撕脱。菌丝可以蔓延至叶柄、叶片，在叶背可占据一半或全部叶片，初为白色，后渐变赤褐色，并在叶柄与叶片基部处坏死，使叶片断折干枯，当菌丝蔓延至枝梢时，则加重了生理落果，严重发生时，叶片、幼果全部脱落，枝条干枯。第二次生理落果后感染赤衣病，其菌丝可将果实包裹，导致果实不能继续生长发育而成僵果。
发病条件	4~11月均可发生。在荫蔽潮湿、管理不善、土质黏重、树龄大的山区柑橘园发病较烈。高温多雨季节此病发展快。广东第一次发病高峰期于5月中旬开始，延续至6月中旬。
诊断图片	 白色的菌丝从枝条向叶背蔓延，使叶背变成白色　　被害的叶片干枯，老熟的菌丝成赤色紧贴枝条，也可像薄膜撕脱
防治关键	赤衣病通常在清园期喷布石硫合剂，4月上旬前应多次喷布保护性杀菌剂。
防治要点	● 清园和修剪。在冬季清园时进行修剪，将病枝彻底剪除，并刮净主干及大枝上的菌衣集中烧毁，使园内通风透光良好。 ● 做好园区管理。雨季到来之前进行清沟，以利于排除积水，降低地下水位。增施有机肥，改善土壤理化性状，增强树体的抗病力。 ● 药剂防治。在清园期喷布石硫合剂0.8~1波美度，春季在4月上旬前应连续多次喷布保护性杀菌剂。每次喷药都应注意喷好树冠中下部及内膛枝条，注意喷及枝条的背阴面。严重发病园应每隔半个月喷布1次。药剂有77%可杀得2000型400~500倍液，80%大生M-45可湿性粉剂600~800倍液，30%氧氯化铜悬浮剂400~500倍液，0.3波美度石硫合剂。涂枝干可用8%石灰水或1∶1∶15的波尔多浆。在枝干上发现病斑，应立即刮除，后涂10%硫酸亚铁液或石硫合剂原液保护伤口。

柑橘膏药病

症状表现	膏药病主要为害小枝条和枝条，受害枝条上长有圆形或不规则形的病菌子实体，并沿枝条横向和纵向扩展，如贴着膏药一样，故有"膏药病"之称。白色膏药病菌子实体比较平滑，呈乳白色或灰白色，扩展后仍为白色或灰白色，边缘一圈灰白色，色较浅，在条件适宜时，边缘常扩展新的菌膜，严重时菌膜包围枝条，褐色膏药病菌的子实体表面呈丝绒状，栗褐色，周缘有狭窄的灰白色带，略翘起，叶片受害，常从叶柄和叶基部开始生出白色菌毡，渐扩展到叶片大部，呈白色或灰白色。
传播方式	膏药病菌均以介壳虫类、蚜虫类分泌的蜜露为养料，通过气流和昆虫传播为害。
诊断图片	  菌丝体向枝条上下扩展　　在果面上发生的膏药病
防治关键	华南地区4~6月和9~10月膏药病发生最多。
防治要点	● 喷药防病。在介壳虫孵化盛期和末期，蚜虫发生期及时喷药进行防治，详见柑橘介壳虫防治方法。 ● 通过修剪，去除过密的荫蔽枝，让果园通风透光良好，清除病枝，减少菌源。 ● 用竹片或小刀刮去菌膜，刮后涂硫酸铜1千克、石灰1千克、水10~15升比例配成的波尔多液浆或1波美度石硫合剂或1：2石灰乳。最好在4~5月和9~10月雨前或雨后涂刷1~2次，效果更好。

柑橘苗期立枯病 [又称猝倒病、折腰病]

症状表现	● 病苗在地表或靠近土表基部的皮层腐烂缢缩，变褐色腐烂，叶片凋萎不落，形成青枯病株。 ● 幼苗顶部叶片染病，产生圆形或不定形淡褐色病斑并迅速蔓延，叶片枯死，形成枯顶病株。 ● 感染刚出土或尚未出土的幼芽，使病芽在土中变褐腐烂，形成芽腐。
传播方式	病原为多种真菌，以菌丝体及菌核在土壤中或病残体上越冬。春季菌丝体生长蔓延，侵染寄主幼苗，形成发病中心。并由雨水及农事活动传播。高温多湿，在广东特别是4~5月，大雨或连绵阴雨后突然晴天，有利于病菌侵染，导致本病大发生。
诊断图片	 柑橘苗立枯病在播种圃症状（中下部叶片萎蔫株）　　苗期立枯病症状
防治关键	选择地势高、排灌方便的沙壤土育苗或采用营养杯育苗，可减少苗期立枯病。
防治要点	● 选择地势高、排灌方便的沙壤土育苗；作底肥的有机质应充分腐熟，苗槽育苗的混合基料应沤熟并消毒；旧基料必须提前清除，清除后苗槽喷布杀菌剂消毒。播种不宜过密，覆盖宜用洁净的河沙。应实行轮作，精细整地。 ● 改行秋播，避开发病高峰季节。 ● 药剂防治。播种前20天整地后用95%棉隆粉剂进行土壤消毒，以每平方米30~50克的用量混适量细土均匀撒于地面，然后翻土泼水、踏实，封闭20天松土播种。发病期间可用50%多菌灵可湿性粉剂500~800倍液喷洒，也可以用40%乙磷铝可湿性粉剂200倍液，80%大生M-45可湿性粉剂600~800倍液，0.5%波尔多液喷布，5天1次，连续3次。

柑橘苗疫病

症状表现	为害幼苗的嫩茎、嫩梢或嫩叶，病的组织初呈水渍状，后转为浅褐色至深褐色病斑。若在嫩梢发生，可使整条新梢变深褐色枯死。病菌从幼茎基部侵入，可使茎基部腐烂，发生立枯状枯死。病菌侵染叶片，或沿枝梢及叶柄蔓延到叶片，初为暗绿色水渍状小斑，并迅速扩大形成灰绿色或黑褐色的近圆形或不规则形大斑。
传播方式	病菌以菌丝体在病组织内遗留于土壤中越冬，土壤中的卵孢子亦可越冬。次年环境适宜时形成孢子囊，借风雨传播，引起发病。以后病部又形成大量孢子囊再侵染。

苗疫病症状　　　　　　　　　　在二年生嫁接苗上发生症状

防治关键	苗疫病防治关键是发现少数病苗时应及时剪除病部，集中烧毁并立即喷施农药。
防治要点	● 苗地选择。选择地势较高、土质疏松、排水良好、灌溉便利的水稻田作育苗地。同时，育苗地应实行轮换栽苗，苗圃整地要细致，基肥要充分腐熟。营养筒育苗，制作基料配置应合理，原料要先行堆沤，充分腐熟。已经用过的旧料，尤其是曾经发生过苗疫病的旧基料一概不可再用，以免土壤带有病原菌。 ● 加强管理。苗木播种或移植不能过密，保持通风良好；雨季及时排除积水，施肥以薄肥为宜，不可施用未腐熟的肥料；经常检查苗圃，发现病株，及时消除，集中烧毁，并抓紧喷药防治。 ● 药剂防治。清除病株后，立即喷药1次，以后每隔10~12天第2次喷药，共2~3次。可用58%瑞毒霉锰锌可湿性粉剂600~800倍液，70%安泰生（丙森锌）可湿性粉剂600倍液，80%大生M-45可湿性粉剂600~800倍液，80%乙磷铝可湿性粉剂500倍液和0.5%波尔多液。

柑橘根结线虫病

症状表现	主要为害柑橘须根，病原线虫在根皮与中柱之间寄生为害，刺激根组织细胞过度分裂，形成大小不一的根瘤，新生根瘤一般呈乳白色，以后逐渐转为黄褐色，最后变灰褐色。根瘤大多数发生在细根根尖上，感染严重时出现次生根瘤，并发生多条次生根，一些小根还因受害而肿大、扭曲、缩短，当萌生细根时，亦可被侵染形成根瘤，这些病根盘结成团。其后老根瘤腐烂，病根坏死。在一般情况下，病株的地上都无明显症状，受害严重时表现枝短梢弱，树势衰退，叶片可呈缺素状。开花少，坐果率低，易受旱卷叶、枝枯以致全株死亡。
传播方式	病原线虫以卵及雌虫随病根在土壤中越冬，主要侵染来源是带病的土壤、肥料和病根。在无病区的侵染来源是带病苗木及根部土壤，病苗是远近传播该病的主要途径。其次是水流及土地耕作。此外，带有病原线虫的肥料、农具以及人畜也可以传播该病。

柑橘根结线虫病　　　　　中部矮小的椪柑树被根结线虫严重为害

防治关键	培育无病苗是防治柑橘根结线虫病极为重要的措施。
防治要点	● 实行检疫制度。对无病区及新区，首先要进行检疫，禁止带有线虫病的苗木传入。 ● 培育无病苗木。应选择在无病区育苗，苗圃地应选前作为禾本科或水稻田。播种前应用杀线虫剂进行土壤杀线虫。 ● 病苗处理。发病的苗木用48℃热水浸根15分钟，可杀死根部和根瘤内的部分线虫，再用40%克线磷乳剂100倍液蘸根，效果很好。 ● 果园选择和处理。定植地必须经过严格检查。如不得不使用带有病原线虫的土壤时，必须在定植前半个月用杀线剂进行消毒。 ● 药剂防治。可选用的药剂：3%米乐尔颗粒剂100千克/公顷，或10%克线丹（硫线磷）颗粒剂60千克/公顷。在树冠滴水处内处范围50~60厘米环形扒开表上，以见被害根时，撒施药剂并覆回土壤，干旱天应淋水。每年新根发生初期进行施药，广东杨村施药期在3月上旬和7月中下旬，共2次。

柑橘黑斑病 [又称黑星病、炭腐病]

症状表现	主要为害近成熟的果实，病斑为圆形。在年橘上有 3 种病斑：一是初时出现红褐色的小斑点，扩大后圆形，边缘暗红色至黑褐色，中部凹陷，灰色或灰褐色，散生少量黑色小粒点，几个小病斑相连成大的病斑，病部不深入果肉。二是病斑小，圆形，边缘红褐色稍隆起，中部淡褐色，微凹，无黑色小粒点，果面病斑多，可占据果面 1/3~1/2，可不扩大相连。三是病斑深陷，黑褐色或黑色，边缘无隆起，中间有或无黑色小粒点。 　　叶片发病较轻，症状与果实相似。另有黑斑型，发病初期，果面病斑为淡黄色，油胞间皮部稍凹入，后扩大成圆形或不规则形的黑色大病斑。散生许多黑色小粒点，严重时病斑可多个相连成大斑中部会裂开。柚果在病斑处会出现流胶。
传播方式	病果和病枝叶中越冬的假囊壳和分生孢子器是初侵染的菌源，而在地面的病落叶中的假囊壳和分生孢子器为初侵染的主要菌源，当次年 4~5 月环境条件适宜时，假囊壳和分生孢子器各自释放出子囊孢和分生孢子，借风雨和昆虫传播，散落在嫩叶、幼果上，在潮湿条件下萌发为芽管，侵入为害。
诊断图片	 黑星型病斑　 沙田柚黑斑型
防治关键	柑橘黑斑病防治要掌握在落花后半个月内喷药，其次应在 7 月、10 月喷药。
防治要点	● 加强栽培管理。增施有机肥，加强水肥管理，适量增施磷钾肥，增强树势，提高抗病能力。 ● 减少菌源。结合冬季清园，剪除病枝叶，并清除园区落叶、落果集中烧毁，然后喷 0.8~1 波美度石硫合剂，或 1：1：100 波尔多液。 ● 喷药保果。首先要掌握在谢花后半个月内喷药，相隔 15 天进行复喷，连续 2~3 次；其次应在 7 月和 10 月喷药防治。药剂选择：谢花后喷布 70% 甲基托布津可湿性粉剂 800~1 000 倍液，10% 世高水分散粒剂 1 000~1 200 倍液，80% 喷克可湿性粉剂 500~800 倍液，80% 必备可湿性粉剂 400~600 倍液。7 月以后喷布 80% 大生 M-45 可湿性粉剂 600 倍液，53.8% 可杀得 2000 干悬浮剂 900~1 000 倍液。

疫菌褐腐病 [又称柑橘疫腐病]

症状表现	病菌从伤口侵入，有时也可在蒂部侵入。病斑淡褐色，圆形，蔓延迅速，很快扩展至全果。呈水渍状软腐，有腐臭味，病果很快脱落。高温、高湿时，病部表面散生出稀疏的白色菌丝，即病原菌的子实体。在果园中，为害柑橘树主干基部致使树皮腐烂时，称为"脚腐病"。广东椪柑、蕉柑、甜橙、红江橙、茶枝柑（大红柑）、年橘等品种的果实均可受害。
传播方式	病菌以菌丝体和厚垣孢子在病组织和土壤中越冬，翌年气温升高，雨量增多时开始活动，孢子囊释放的游动孢子随雨水飞溅到近地面的果实上侵入为害，导致果实发病，水源较多的果园，灌溉水常起传播孢子的作用。
诊断图片	 近地面果实发生病害症状　　　　落地的病果
防治关键	每年9月中旬至10月，是此病的高发期。要及时把下垂近地面果实用竹竿或木棒支撑起，防止疫菌褐腐病发生。
防治要点	● 清洁果园。脚腐病发生较多的果园，冬季采果后结合修剪，疏除荫蔽枝条，清洁地面的枯枝落叶，集中烧毁，随后地面喷布杀菌剂，以减少病源。 ● 保持园内无积水，园区通透性良好。同时，加强有机肥施用，避免偏施氮肥。 ● 丰产果园及时撑果。把下垂近地面的果实在发病期前用竹竿或木棒支撑起1米以上高度，以免土壤中的病菌经雨水击溅到枝叶和果实上。撑起的果实不可重叠成堆，应疏散通风。脚腐病园应及时、经常治疗和处理病株，减少菌源。 ● 每年9月上旬应预先喷布杀菌剂。在发病期前，或高温闷热下雨之前抓好喷药。选用药剂有：70%甲基托布津可湿性粉剂800倍液，50%多菌灵可湿性粉剂600倍液，77%可杀得2000型600~800倍液，77%丰护安可湿性粉剂600~800倍液，也可用0.8%波尔多液喷布果园地面和近地面的果实。

柑橘青霉病、绿霉病

症状表现	柑橘青、绿霉病的症状基本相同，只为害果实，引起果腐。受害果实初期为水渍状软腐，病部组织湿润柔软，用手指按压病部果皮容易破裂。2~3 天后病部中央长出许多气生菌丝，形成一层白色霉状物，随后在白色霉状物中部产生青色或蓝绿色粉状物。以后病部不断扩大，致全果腐烂，腐烂部分深入果肉内部。但两病的症状也有些不同，区别如下：青霉病产生的粉状物蓝色，白色霉状物很窄，仅 1~2 毫米。腐烂的速度较慢，不粘包果纸，有一股发霉气味。绿霉病产生的粉状物灰绿色或暗灰色，白色霉状物带较宽，8~18 毫米，腐烂速度较快，紧粘包果纸，有芬芳气味。
传播方式	青霉菌及绿霉菌可以在各种有机物质上营腐生生长，并产生大量分生孢子扩散到空气中，靠气流传播，病菌萌发后必须通过果皮上的伤口才能侵入为害，引起果腐。以后在病部又能产生大量分生孢子进行再侵染。在贮藏库中，青霉菌侵入果皮后，能分泌一种挥发性物质，将健果果皮损伤，引起接触传染。
诊断图片	 青霉病果　　　　　　　　　绿霉、青霉同在一果上
防治关键	防止采果过程中果实受伤可防止柑橘青、绿霉病的发生。
防治要点	● 防止果实受伤。在果实采收，装运及贮藏过程中要防止果实机械损伤。 ● 适时采果。适当提早采果能预防多种贮藏病害的发生。 ● 选用药剂浸果处理。采用 25% 施保克（咪鲜胺）乳油 500~1 000 倍液，50% 施保功（咪鲜胺锰盐）可湿性粉剂 1 500~2 000 倍液，45% 噻菌灵悬浮剂 300~450 倍液，25% 戴唑霉乳油 1 000~1 500 倍液，45% 特克多悬浮剂 450~600 倍液，70% 甲基托布津可湿性粉剂 500~600 倍液。 ● 改进包装方法，用塑料薄膜单果包装可减轻病菌的传播。 ● 清洁果园，对曾发生过该病的果园在采果前喷布 1 次药剂杀菌，以减少病源。 ● 贮藏库消毒。果实进库前，库房用硫黄粉 5~10 克/米^3 进行熏蒸或用 40% 福尔马林液 10~15 毫升/米^3 喷洒，密闭熏蒸 3~4 天，然后打开门窗 2~3 天待药气散后方可入库贮藏。

柑橘蒂腐病

症状表现	柑橘蒂腐病有黑色蒂腐病和褐色蒂腐病两种。果实发病，最初在果蒂或果蒂周围的伤口处，随后病部迅速扩展，数日内可达全果。病部水渍状，柔软，暗褐色，无光泽，边缘呈波纹状，腐烂果皮用手指易压破，油胞破裂处常溢出棕褐色黏液。蒂部腐烂后，病菌很快进入果心，并穿过果心引起脐部腐烂。在潮湿条件下病果表面长出气生菌丝，初时灰污色，渐变近黑色并长出黑色小点粒（分生孢子器）。在干燥条件下，则成黑色僵果。剖开病果，可见果心和果肉变成黑色，果肉与中心柱脱离。枝干发病，常在小枝顶端开始，迅速向下蔓延至枝干。被害枝条暗褐色，无明显病斑，树皮裂开，木质部变黑，发生流胶现象，最终枯死，其上亦密生黑色分生孢子器。 　　褐色蒂腐病发病部位在果蒂部开始，逐渐向果肩、果腰扩展，初呈水渍状，为黄褐色的圆形病斑与黑色蒂腐病很相似。后变为褐色至深褐色，故称褐色蒂腐病。褐色蒂腐病病部果皮革质，通常没有黏液流出，病斑边缘呈波状纹，病菌在果实内部扩展比在果皮快，当果皮变色扩大至果面1/3～1/2时，果心已腐烂至脐部。故称"穿心烂"，最后全果腐烂。病果味酸苦。病菌可侵染种子，使之变为褐色。
传播方式	病菌以菌丝体和分生孢子器在枝干及其病残体组织上越冬，翌年环境条件适宜时，分生孢子通过雨水传播到附近健康的枝干或果实上潜伏，或坏死组织上腐生，并能耐较长时间的干燥环境，在适宜条件下由伤口侵入，特别是果蒂的剪口侵入。所以，机械损伤、虫伤和自然伤口均是发病的条件。
诊断图片	 黑色蒂腐病的果肉  黑色蒂腐病果实症状
防治关键	柑橘蒂腐病防治要加强田间管理，施用有机肥，增强树势，提高植株抗病力。
防治要点	● 加强栽培管理。以有机肥为主，配合氮磷钾及微肥施用，增强树势，提高植株抗病力；结合修剪将树上的病枝、枯枝剪除，以减少病害初侵染源。 ● 原来已有蒂腐病发生的园区采果前应喷药防护，采果前的防护可参考树脂病防治方法。采果及贮运期的防治参考柑橘青、绿霉病的防治。

柑橘酸腐病

症状 表现	发生在成熟的果实，尤其是贮藏较久的果实。在果皮伤口处产生水渍状病斑，极软化，淡黄色至橘黄色，轻擦果皮时，外表皮极易脱离。病斑迅速扩大至全果腐烂。组织分解溃散流出酸臭汁液，表面或长有致密的白色霉状菌丝膜，是病菌的分生孢子。
发病 条件	柑橘酸腐病病菌为腐生菌，果实贮藏期病菌从伤口侵入。在高温密闭条件下，腐烂的果实流出酸臭的汁液，并污染健果，使健果感染。青果期较抗病，果实成熟度越高越容易感病。窖藏和薄膜袋贮藏发生较多，贮藏时间越长，发病越多。采收时防腐保鲜的水质污染亦可导致贮藏果实严重发病。刺吸式口器昆虫为害越烈，发病率越高。
诊断 图片	 果肉腐烂状
防治 关键	防治吸果夜蛾类、角肩蝽等刺吸式口器害虫的为害可减少酸腐病的发生。
防治 要点	● 适时采收能预防发病。 ● 防止果实受伤。采收、装运及贮藏过程中严防果实遭受机械损伤，并注意选择在晴天和早晨露水干后进行采收，贮藏前剔除受伤果实。用于贮藏保鲜配药的水应洁净无污染。 ● 积极防治吸果夜蛾类、角肩蝽等刺吸式口器的害虫的为害。 ● 药剂浸果处理。采用75%抑霉唑2 000倍液，45%特克多乳剂1 000倍液体浸果，对酸腐病均有一定的效果。而多菌灵、苯来特对酸腐病无效。

柑橘果实日灼病 [又称日烧病、日焦病]

症状表现	因受高温和强烈的阳光照射引致果皮组织灼伤。在果实尚未成熟时，果顶受害部分黄褐色，发育停滞。在果实成熟时，受害部位果皮出现暗褐色，果皮生长停滞，表面粗糙，干疤坚硬，果形不正。果实轻度受害，灼伤部位只限于果皮；受害重的，灼伤部位的中央为木栓状，伤及汁胞，汁胞干缩、粒化，汁少而味淡，品质低劣。
发病条件	本病在高温季节，气候干燥，日照强烈时容易发生。一般于7月开始出现，8~9月发生最多，尤其是西南方向的果实和幼年结果树的顶生果实，因日照时间长，受害程度最重。西向的坡地果园或无防护林的暴露果园也较严重发生。 柑橘不同品种中，以宽皮柑橘发生较重，温州蜜柑早熟品系和椪柑、大红柑受害重，温州蜜柑中、晚熟品系和蕉柑、福橘次之，甜橙、柚类受害最轻。在夏、秋季高温季节喷布石硫合剂、敌百虫农药或多种农药混合喷布，以及果园土壤水分不足，均会加重病害的发生。
诊断图片	 椪柑树冠西面果实发生日灼　　果实日灼
防治关键	幼龄结果树在生理落果结束时促放迟夏梢，以梢遮果，可减轻日灼。
防治要点	● 在开园种植时，应在园的西南方向营造防护林以减少烈日照射。选用发生日灼病较少的品种。种植温州蜜柑早熟品系时，宜选用软枝型品系，并适当密植。 ● 幼龄结果树在生理落果结束时促放迟夏梢，以梢遮果，可减轻日灼。温州蜜柑抹春梢保果，应适当保留部分春梢营养枝。 ● 高温季节应避免使用石硫合剂、硫黄胶悬剂、机油乳剂和敌百虫等。 ● 对易发生日灼的果园，在高温季节喷洒石灰乳（生石灰0.5千克，水5升，过滤去渣），可减轻受害程度。 ● 在果园行间间种高秆绿肥，或提倡园内生草法管理，以调节果园小气候。在高温干旱期利用水源定期喷水保持土壤水分，提高相对湿度，降低酷热气温。 ● 在8~9月检查果园，发现受害果实，可用白纸粘贴受害部位或涂石灰乳，对轻度受害的果实可恢复正常。

柑橘冻害

症状表现

　　广东冻害分两个时期：一是于9月下旬至10月中旬的寒露风，造成秋梢受害；二是冬至前后低温霜冻，造成果实冻伤、枝叶干枯。

　　轻微冻害，一般是在较迟抽出未完全老熟的秋梢或受螨类严重为害、土壤瘦瘠根系浅浮、缺水干旱的柑橘秋梢上，其叶片局部出现形状、大小不一的叶肉塌陷斑，初为灰青色，后转浅褐色至灰白色。严重者整片叶片凋萎、纵卷，赤褐色，多数脱落，枝梢变黄，部分叶痕处变褐发生流胶，枝梢枯死。低温冻害（广东称为"冰冻"）使全株叶片凋萎，如同开水烫过，暗灰白色，随后叶片变成赤褐色，最后脱落，小枝干枯。严重时，枝条和大枝条出现裂皮和枯死，甚至主干皮层腐烂，致地上部死亡，幼树全株枯死。果实受害的部位为树冠上部及外围，受害果的瓤瓣收缩，与果皮脱离，汁胞干瘪，粒化，汁少渣多，味淡。严重受冻时，瓤瓣如同开水烫伤，汁胞汁液外渗，随后味变，果实腐烂。

发病条件

　　柑橘冻害是柑橘品种因为气候骤然变化，夜间温度短时间内降至该品种不能承受的低温以下时，使树体受到伤害，甚至死亡。不同品种对低温的耐受不同。温州蜜柑、红橘在-9℃以下受冻，椪柑在-8℃以下受冻，甜橙在-7℃以下受冻。

　　冻害的发生还与柑橘树龄、树势、挂果量、病虫害防治、品种、砧木耐寒性以及地形、坡向、水体大小和距离、土壤和植被等密切相关。柑橘类中的耐寒力依次为枳＞枳橙＞金柑＞宽皮柑橘＞酸橙＞甜橙＞柚类＞柠檬、枸橼。

诊断图片

果实受冻果肉干缩（右）

未老熟的迟秋梢遇低温，叶片受冻脱落或叶肉呈黄斑状（干枯）

（续表）

诊断图片	 冻后春芽叶片干枯　　　　　年橘果实冻害状
防治要点	● 适地种植柑橘。在当地生态条件下，发展种植适合品种，或在每年冻害至来之前采收，以避过冻害期。 ● 在山区，尤其是在山地深冷空气易沉积而不易流动低洼的地方建园，应安排避过冻害期的品种。种植之前可以先了解和查询当地气象资料作为依据。 ● 加强管理，植树造林，改善园区范围的生态；立冬开始，保持园内土壤湿度相对稳定，不宜过度干旱；计划促放秋梢，在冻害之前枝梢已经老熟，且保持青绿色不被螨类为害；适当深施有机肥，使根系向下伸展，以避免因表土温度变化幅度大而损伤根系，加重冻害。 ● 覆盖保温。一是树冠盖稻草，冷空气降温到来之前，在树冠上覆盖稻草遮住橘果，可明显减少果实遭受冻害。二是地面覆盖，保护根系，以减轻树体受害。也可在冻害来临前，搭建塑料薄膜大棚，似温室栽培法进行防冻。 ● 冻害时及时淋水或灌水。叶片凋萎而枝梢不干枯的，可在气温稳定回升后的初春摘除干叶；枝梢或枝条干枯的，可待干枯不再下延之后，进行剪除。大枝干冻死的，则应抓紧锯除，锯除后的伤口和枝干均应涂白保护。冻害树的枝条一般会提早萌发新芽，应适当施肥和防治病虫害，尤其应注意防治流胶病、炭疽病的发生。

柑橘药害

症状表现	药害会导致枝条扭曲、叶片皱缩畸形或斑点、花蕾露柱、果实疤斑或变形，或影响根群的生长。严重时，叶片黄化，果实脱落，产量减少，果品质劣，树势衰弱。
发病条件	主要是选择药剂种类和使用浓度不当，或多种药剂随意混合，不可混合的药剂又作混合使用，或喷药时没有结合柑橘物候期、当日气温等因素造成。例如，春梢未老熟时喷布克螨特乳油 1 000~1 200 倍液，会使叶片发生皱缩；防治柑橘溃疡病时，在夏季雨后即喷布波尔多液或氧氯化铜类铜制剂农药，叶片易发生斑点状药害，果实会出现铜斑药害；在保花保果期，喷布 2,4-D 会造成叶片卷曲，幼果变黄。
诊断图片	

机油与克螨特混喷药害斑

轻度药害 |

（续表）

诊断图片	

喷铜制剂出现的药害　　　　克螨特药害

高温高湿条件下喷布氧氯化铜产生的药害　　夏季喷稻虱净，叶背药害斑

防治要点

- 喷药前先看清说明，了解该农药的性质和防治病虫对象。
- 一种病害或虫害尽量使用一种农药防治，避免多种农药相混合。在一定量的水中，加入农药种类愈多，其浓度就会愈高，药害的可能性就愈大。且其中可能有同一品种的农药。
- 不要随意提高农药的喷布浓度。
- 避免在高温烈日的中午喷布农药。
- 喷布含油（柴油、机油）的农药，或碱性强的农药（波尔多液、石硫合剂、松脂合剂等）应注意天气气温、季节和植株的物候期。
- 要用清洁水作喷药用水，不能用污水或井水稀释农药。
- 一些农药混合后，应及时喷完，不要留在第二天使用，不能相混合的农药，不应强行相加。
- 喷除草剂时应选择对植株根系无影响的品种，喷布时还应避免药雾飞溅到植株枝叶上。

柑橘裂果病

症状表现	先在果实近顶部开裂，随后果皮纵裂开口，瓤瓣亦相应破裂，露出汁胞。有的横裂或不规则开裂，形似开裂的石榴，最后脱落。裂果的开裂状大致相同，但开裂的部位与品种不同有差异。红江橙的开裂发生在果腰或近果腰处，有横裂和纵裂。脐橙则在脐部开裂且纵裂为多。甜橙久旱饱灌水后一般在果腰处横裂，裂口深达果肉。
发病条件	裂果主要是由于土壤水分缺少和水分供应不均衡，久旱骤雨引起的，主要发生在壮果期久旱骤雨之后。一般出现在9~10月，11月时有发生。早熟、薄皮品种易裂果，果顶部果皮较薄的品种裂果多，温州蜜柑的一些品种裂果常见，红江橙、脐橙一些品种的裂果也很严重。广东春甜橘、阳山橘也是易发生裂果品种。裂果与树龄亦有一定的关系，幼年结果树裂果较老龄树重。
诊断图片	 脐橙裂果（彭成绩 提供） 　　 红江橙裂果
防治关键	果园秋旱时间过长，第一次灌水应避免漫灌，是防止裂果的重要措施。
防治要点	● 加强栽培管理。果园进行深耕改土，以施用有机肥为主，实行氮磷钾合理搭配的配方施肥和结合适量微肥，提高土壤肥力，创造根群生长成密、广、深，增强树体抗逆能力，减少裂果发生。 ● 8月进行树冠地面覆盖杂草绿肥，减少土壤水分蒸发；提倡生草法栽培，改善和调节土壤含水量的稳定；壮果期均衡供应水分和养分，是防止裂果的重要措施。红江橙从9月起，土壤含水量保持在15%~25%时裂果少。 ● 结合当地气候条件，选择裂果少或不裂果的品种种植。

缺 氮

症状表现	缺氮植株新梢短，叶片较小而薄，淡绿色至黄白色。长时间缺氮，全株叶片均匀黄化，提早脱落。树体矮小，枝条枯死，开花结果少。且果小，果皮苍白光滑，常早熟，风味差。
发病条件	土壤缺乏氮素，氮肥又施用不足；夏季降雨量大，轻沙土壤保肥力差，致使土壤氮素大量流失；在多雨季节，果园积水，土壤硝化作用不良，致使可给态氮减少，或根群受伤吸收能力降低；在斜坡地的柑橘，根系分布受到限制，施肥量又不足；施钾素过量，酸性土壤一次施用石灰过多，影响了氮素的吸收；大量施用未腐熟的有机肥，土壤微生物在其分解过程中，消耗了土壤中原有的氮素，造成柑橘吸收氮素量减少而表现暂时性缺氮。同时，缺氮与一般性营养失调症可同时出现。
诊断图片	 氮素缺少植株
防治关键	深翻改土，在埋压绿肥时应在绿肥中加适量石灰，避免绿肥腐烂过程中"夺氮"。
矫治要点	● 经常注意施用适量的氮肥。若在结果期间缺氮，应立即使用速效氮。沙质重的土壤应多施有机肥，改良土壤，促进根系强大，提高吸收能力。在采用青料压绿改土时，应在青绿料中施入石灰粉。 ● 搞好果园排灌系统，避免雨天积水。 ● 在瘦瘠土壤开垦新园，前应施好腐熟基肥，并坚持年年深翻改土，增施有机质肥料，可有效避免缺氮和缺素病。

缺　磷

症状表现	柑橘缺磷一般少见到症状。幼树缺磷,生长缓慢,较老的叶片由深绿色变为淡绿色至青铜色,无光泽,有的叶片在不同部位出现不定形枯死斑,病叶易早落,落叶的枝条抽出的新梢,叶片少,小而窄。有的枝条枯死,开花很少,花而不实。成年树长期缺磷时矮小,叶片狭小,果皮厚而粗糙,未成熟即变软,落果严重。未落的果实味酸。
发病条件	● 土壤中含磷量很少,引起缺磷病,如石灰性土壤、长期连作的土壤。 ● 土壤中含钙量多,或酸性较强,可吸收磷被固定。磷在酸性土中变为磷酸铝或磷酸铁,在碱性土中成为磷酸钙,因而缺乏可给态的磷,引起缺磷。
诊断图片	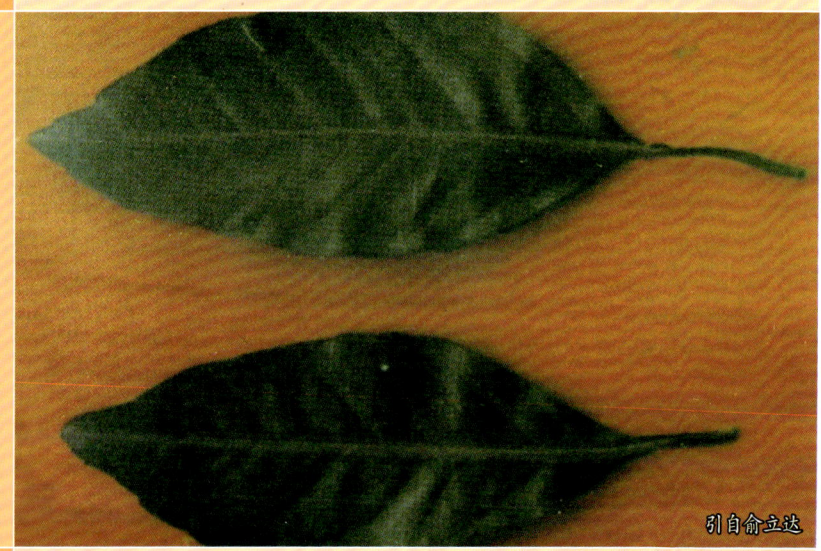 引自俞立达
矫治要点	合理施用磷肥是解决磷素缺乏的根本方法。一般可将过磷酸钙、钙镁磷肥作基肥深施。最好是同有机肥混合堆沤后深施。每株施用量按土壤缺磷状况、树龄等而定。如果土壤表层固定磷的能力很强,柑橘根群分布又较深,施下的磷肥不能被吸收利用,可考虑于叶面喷施磷肥,叶面喷磷浓度为0.5%~1.0%,先将过磷酸钙与水搅拌浸24小时,取其澄清液喷布,还可喷布0.4%~0.5%的磷酸二氢钾溶液或一些含磷较高的叶面肥。或在树冠下土面覆草,促使根群向土壤表层分布,能较好地利用施下的磷肥。还可在园区种植萝卜青绿肥,利用压绿改土增磷。

缺 钾

症状表现	柑橘缺钾症状变化较大，一般在老叶的叶尖及叶缘处先出现黄化，以后会因继续缺钾而使黄化区扩大，叶片卷缩、畸形，新梢纤细短弱。果实小而皮薄光滑，容易落果和裂果，甜橙的白皮层易发生裂纹，称作"水裂"。缺钾还导致抗旱、抗寒和抗病力降低，造成落叶落果和梢枯发生。
发病条件	● 土壤缺钾，沙质土、冲积土和红壤土都会缺钾。 ● 果园排水不良或过于干旱，土壤酸碱度高低的影响。 ● 钾易随地表水流失，特别是有机质含量低或沙质土壤，其流失严重。 ● 过量施用氮、钙或镁，造成元素拮抗，使钾的有效性降低。 ● 结果树采摘果实，从果实中带走了钾。

幼树缺钾叶尖黄化　　　　叶片缺钾症状

矫治要点	● 施用钾肥。每年土壤施用硫酸钾或适当施用草木灰，施用量依土壤缺钾情况、树龄和结果量而定，可有效地补充钾。 ● 施用有机肥。根据果园土壤，可进行深翻压绿和饼肥、厩肥等多种有机肥，可减少缺钾症。绿肥中的大叶丰花草（又称日本草、耳草）、金光菊含钾元素高，压绿后效果好。 ● 叶面喷布。可喷用0.3%~0.4%的硝酸钾或硫酸钾溶液。若采用氯化钾喷布，不可在幼嫩枝梢期进行，以免伤害枝叶。

缺　硼

症状表现

　　柑橘缺硼症是一种常见的缺素症。成叶和老叶从叶脉开始黄化，终致全叶暗淡黄化，无光泽，向后卷曲，叶肉较厚，主、侧脉木栓化，严重时开裂，叶肉有暗褐色斑点；嫩梢顶芽呈水渍状枯萎，嫩叶发生不定形水渍状黄斑，扭曲畸形，有的在叶背主脉基部有水渍状黑点，易脱落。幼果果皮上发生乳白色微突起小斑，严重时出现下陷黑斑，中果皮和果心充塞胶质，此症状从花瓣脱落至幼果横径1.5厘米左右时陆续发生，常引起幼果大量脱落。残留的果实小，坚硬或畸形，果皮粗厚，果汁少，种子败育，中果皮和果心充塞胶质。严重缺硼时，叶片大量早落，枝条枯死，有时整株干枯。

发病条件

　　由于淋溶作用，土壤中的可溶性硼（水溶性硼和酸溶性硼）严重丧失导致缺硼。在酸性红壤土，因高温多雨的淋失造成普遍缺硼，而沙性土缺失更为严重。过多地施用氮、磷、钙肥，或土壤中含钙过多，均易引起缺硼。高温干旱季节和降雨过多，均会降低根系对硼素的吸收能力，特别是在多雨季节过后接着干旱，常会突然引起缺硼。在柑橘中以甜橙类叶片最易表现缺硼症状，且与缺镁症同时发生，成为硼镁缺乏综合征，以红檬檬为砧木的橙类缺硼症极明显。缺硼还因土壤酸性强，有机质少，尤其以新开垦的园区表土层遭破坏后缺硼更为突出。

诊断图片

春甜橘叶片缺硼　　　　　海丰酸橘果实缺硼

（续表）

诊断图片	葡萄柚缺硼枝条　　改良橙严重缺硼症
防治关键	在清园期和谢花期各喷用硼肥1次，可有效地防治缺硼。
矫治要点	● 施用硼肥。将硼肥混入人粪尿中，在树冠下挖沟施入，盖上部分有机肥再覆上土。成年树每株施用肥30~50克，轻症树可酌量减少。一般2~3年施用1次。或施用新型硼肥"持力硼"。 ● 叶面喷硼。一般在清园期和谢花期各喷用硼肥1次，可有效地防治缺硼病。清园期喷用浓度为0.3%，谢花期喷用浓度为0.1%~0.2%，并可喷用速乐硼、至信高硼等新型硼肥1 200~2 000倍液，有较好的效果。 ● 避免过多施用氮磷钙肥。特别是有机质含量低的土壤，更应注意不可过多施用氮、磷、钙。但是适当施用钙肥，降低土壤酸性对柑橘吸收硼有利。应当施用堆厩肥，或含硼较高的农家肥及绿肥（金菊绿肥含硼高）。

缺　镁

症状表现

　　柑橘缺镁是果园中较常见的一种缺素症。缺镁时叶片沿中脉两侧发生不规则的黄色斑块，然后黄色斑向两侧叶缘扩展，致使叶片大部分黄化，仅存中脉及其基部的叶组织保持呈三角形的绿色。缺镁严重时，叶片全部黄化，很容易脱落。落叶的枝条生长衰弱，常在翌年春天枯死。当柑橘缺镁时，存在于较老器官组织里的镁往往转移到正在生长着的幼嫩器官里，以致老器官缺镁更为突出。

发病条件

　　柑橘对镁的需要量远比其他微量元素的需要量大，又称作中量元素。酸性土壤（pH 5）和沙质土壤，由于镁很容易流失，因此，柑橘在这些土壤中容易表现缺镁症。当施钾肥过多时，也容易引起缺镁。果园中过多使用硫黄及石硫合剂，亦容易使土壤呈酸性，导致缺镁。一般果实多核的品种比少核或无核品种更易发生缺镁。有一些砧木品种如红檬檬易引起甜橙类和蕉柑明显缺镁。

诊断图片

植株缺镁叶片症状

防治关键

　　缺镁果园在改良土壤、增施有机肥基础上施用镁盐，可以有效矫治缺镁症。

矫治要点

　　● 土壤施镁。酸性土壤可选施钙镁肥（含镁石灰），每株 0.5~1 千克，或钙镁磷肥。在微酸性至碱性土壤地区，施用硫酸镁。这些镁肥可混合在有机肥中施用。在酸性土壤还要适当施用石灰。

　　● 叶面喷施。一般在 6~7 月喷施 1%~2% 硫酸镁溶液，每隔 10 天 1 次，连喷 2~3 次，可恢复树势。对于轻度缺镁，叶面喷施见效快。新梢喷布硫酸镁的浓度为 0.5%~1.0%。

缺 锌

症状表现	缺锌是柑橘产区常见的缺素症，与黄龙病的花叶状极为相似。新梢叶片叶肉呈黄色或黄绿色，仅主、侧脉附近为绿色。有的叶片则在主侧脉间出现黄色或淡黄色的斑点。缺锌还使叶片变小，直立，叶色淡绿。严重时新梢纤细，节间缩短，随后小枝枯死。甜橙缺锌后的果实小，汁少味淡。
发病条件	在弱酸性（pH 6）至强酸性（pH 4~5）的土壤中，锌变为不溶性化合物而不易被吸收，发生缺锌病。土壤中缺乏有机质，或某种土壤不适于某种砧木品种都会增加剧缺锌病的严重程度。土壤中镁、铜元素的缺乏使植株根部腐烂，影响对锌的吸收，也会加重缺锌病症状的表现。在土壤中锌供应较少的情况下，若过量施用氮、钾、钙也会出现锌缺乏。偏施氮肥，使植株迅速生长，新长出的枝梢叶片也会表现缺锌病症状。
诊断图片	甜橙新叶缺锌　　　　　　　　　　新叶缺锌
防治关键	春梢生长前后喷硫酸锌（加等量石灰）或与石硫合剂混合使用，可矫治缺锌。
矫治要点	在春梢生长前喷洒 0.4%~0.5% 硫酸锌溶液，或在春梢停止生长后喷洒 0.1%~0.2% 硫酸锌溶液 2~3 次（加等量石灰中和酸度），或将硫酸锌与石硫合剂混合使用，可以有效地矫治缺锌病。对于微酸性（pH 5.5~6）土壤，施入少量硫酸锌也可获得良好的效果，但对碱性土壤无效。若因缺镁、缺铜而致锌素缺乏，单施锌盐效果不大，必须同时施用含镁、铜和锌的化合物才能获得良好疗效。增施有机肥，提高土壤的缓冲性，能增加土壤可给态锌的含量。

缺 锰

症状表现	在叶片中脉和侧脉及其附近组织绿色，其余部分为黄绿色。幼叶和老叶均表现花叶症状，与缺锌症状相似。与缺锌症状主要区别： ● 缺锌的嫩叶小而狭窄，缺锰叶片的大小与形状基本正常； ● 缺锌叶片黄化部位颜色鲜黄，而缺锰叶片黄化部位仍带绿色； ● 植株的老叶缺锌症状不甚明显，缺锰植株的老叶有明显症状。且严重缺锰时，植株老叶早期老化脱落，新梢生长受抑制，有的枯死。
发病条件	在酸性和碱性土壤的柑橘园中均有发生。尤其是沙质酸性土、石灰性紫色沙土或海滨盐渍土，常常是缺锰和缺锌等症同时发生。在下列情况通常会发生缺锰症： ● 酸性土和沙性土壤易引起有效态锰的流失。 ● 石灰性紫色沙土和海滨盐渍土壤锰以不溶态存在，有效锰含量低。 ● 土壤干旱造成有效态锰缺乏。 ● 长期施用厩肥和石灰的老年、黑色、团粒土，或缺磷土壤，或富含有机质的沙土。这些土壤类型引起缺锰，主要是土壤 pH 高（超过 6.5），使各种锰化合物极难溶解。
诊断图片	
防治关键	柠檬对硫酸锰较敏感，不宜喷洒多次，且浓度不可过高。
矫治要点	● 酸性土柑橘缺锰，可采用根施锰和叶面喷洒硫酸锰予以矫治。施用硫酸锰时，可将硫酸锰混在肥料中施用。每亩用量为 3.3~4.0 千克，叶面喷洒用硫酸锰 0.2%~0.6% 加 1%~2% 生石灰混合液，也可用 0.6% 硫酸锰加 0.3 波美度石硫合剂喷洒，因柠檬对硫酸锰较敏感，喷洒次数不可过多。 ● 石灰性土、碱性土或中性土柑橘缺锰以叶面喷洒 0.3% 硫酸锰水溶液矫治效果较好，叶面喷洒硫酸锰，须在每年春季进行数次。 ● 石灰性土壤缺锰，可增施有机质肥并掺入硫黄粉，以降低土壤 pH。

缺 铁

症状表现	一般嫩梢先表现症状，叶片变薄，叶肉出现淡绿色至黄白色，叶脉绿色，在黄化叶片上呈明显的绿色网状叶脉，以小枝顶端的叶片更为明显。病株枝条纤弱，幼枝上叶片很易脱落，常仅存稀疏的叶片。小枝叶片脱落后，下部较大的枝上才长出正常的枝叶，但顶枝陆续死亡。病树结果少，皮色黄，汁少，味淡。发病严重时全株叶片均变为橙黄色，在温州蜜柑和橙类上表现更为明显。
发病条件	碱性土壤中含有碳酸钙或其他碳酸盐过多（特别在干旱情况下），铁素被固定为不溶性化合物不能被吸收，很易发生缺铁症。砧木的耐碱性也能导致缺铁症的发生，如在盐碱性土壤种植的温州蜜柑，用枳作砧木的易发生缺铁症。冬春季低温干旱时比夏季发病严重。灌水过勤的果园，由于可溶性铁化合物流失而引起缺铁。锰和铜的过剩吸收，使体内铁氧化而失去活性，磷肥过量施用使吸收到体内的过剩磷与铁化合而在树体内被固定，也引起缺铁。红壤土铁的含量高，一般情况下很少发生缺铁症。

缺铁叶片症状　　　　　植株缺铁叶片症状

诊断图片	
防治关键	防治缺铁症的根本方法是改良土壤和搞好排灌系统。
矫治要点	● 改土施肥。对碱性土壤多施有机肥，特别注意多施绿肥、土杂肥以及其他酸性肥料。 ● 由砧木引起的缺铁应以靠接换砧进行处理。 ● 施用硫酸亚铁。在改良土壤和搞好排灌系统的基础上，施用硫酸铁或喷洒 0.1%～0.2% 硫酸铁溶液。但不经改土而用硫酸亚铁矫治，效果不明显。喷洒硫酸亚铁应加等量石灰，防止药害发生。

缺 铜

症状表现

　　铜缺乏时，在嫩枝的芽眼或靠近芽眼的地方，出现流胶或皮层因树胶组织压迫产生椭圆形疱状突起，在叶柄附近的疱突为纵向开裂，春梢裂口后期黑褐色，夏梢裂口有胶质物出现，有的枝梢皮部表面出现不规则、大小不一的赤褐色污斑，严重的枝梢赤褐色、枯死。幼枝略呈三角形，长而柔软，上部扭曲下垂或呈"S"状。缺铜发生前，叶片呈暗绿色，叶片不正常变厚、变粗、拉长，新梢叶片不平或扭曲，中脉弯曲，叶片较小。严重时，病株抽出的新芽多、短、弱，形成丛枝或呈扫帚状，大枝上萌发柔软的嫩枝，嫩枝很快出现症状。缺铜树不结果或结果少，果小，畸形，果皮光滑，淡黄色，幼果常纵裂或横裂。果皮有红褐色至黑色，且带光泽的瘤。种子周围可出现树胶质物。缺铜严重树，根群大量死亡，有的出现流胶。

发病条件

　　柑橘在酸性沙质土、石灰性沙质土、酸性腐泥土上较易发生缺铜，主要是由于淋溶而使得土壤中的铜素含量贫乏；施用大量的磷肥或氮素过量也可能导致缺铜；另外，土壤瘦瘠、表土层浅薄、底层硬盘和排水不畅也能引起铜素缺乏。

诊断图片

柑橘缺铜症的枝条、果实　　　　　　　　新叶扭曲

矫治要点

　　严重缺铜植株，可在春芽萌动前喷布0.1%、0.2%硫酸铜溶液，或抽梢刚结束时喷布1∶1∶100的波尔多液。在土壤中施用硫酸铜也可防治缺铜，但其作用较慢，效果没有喷布铜剂快。施用硫酸铜应根据树龄大小而定，不能过量施入。瘦瘠土壤则应着重施用有机质，结合深翻改良土壤。常喷波尔多液的柑橘树未见缺铜症状。

主要虫害诊断与防治

柑橘红蜘蛛 [又称柑橘全爪螨、红蜱]

| **症状表现** | 柑橘红蜘蛛成、若、幼螨均以口针刺吸叶片、绿色枝条和果实表皮汁液。叶片被害后,出现许多灰白色小斑点,严重时叶片呈灰白色或白绿色,失去光泽,引起落叶,甚至枯梢。果实受害后果皮灰白色,无光泽。 |

| **习性诊断** | 每次新梢转绿期为红蜘蛛大量繁殖、猖獗为害的高峰,而每次高峰又与当时的气温相关。在广东,春梢期(4~5月)和秋梢期(9~10月)形成两个为害高峰期。柑橘红蜘蛛喜光趋新,在树冠外围中上部、丘陵坡地果园的向阳坡、光线充足的部位一般先发生或多发生。 |

诊断图片

果实为害状　　　　　　　　在枝梢上越冬的卵、若螨

| **防治关键** | 要掌握对春梢萌发前和开花后两个时期的防治。在广东,红蜘蛛4~5月形成第1个高峰,9~10月秋梢转绿期为第2次高峰。随机检查100片叶平均每叶虫数在1~2头时,全面喷药防治。 |

| **防治要点** | ● 农业措施。冬季结合修剪剪除废枝叶,减少越冬虫源;采果后至春芽萌发前认真喷药,消灭越冬的虫口及螨卵;果园种植豆科绿肥或实行生草栽培,避免滥用农药,保护天敌。
● 释放捕食螨。福建报道,释放胡瓜钝绥螨,每株脐橙挂1盒(1 000只),15天红蜘蛛虫口减退率93.7%~97.6%,30天达100%。释放捕食螨前,先喷农药,压低红蜘蛛虫口数。在广东,上半年宜在4月下旬至5月上旬,下半年在8月上旬释放。
● 药剂防治。采果后至春芽前选用松脂合剂8~10倍液,95%机油乳剂100~200倍液,99.1%敌死虫乳油200倍液,30%松脂酸钠水乳剂(虫螨清)1 500~2 500倍液,73%克螨特乳油1 200~1 500倍液。开花后选用20%哒螨灵可湿性粉剂1 500~2 000倍液,25%单甲脒水剂1 000~1 500倍液,24%螨危悬浮剂3 000~4 000倍液+1.8%阿维菌素3 000倍液,0.3%印楝素乳油1 000倍液或0.5%川楝素乳油500倍液,苦参碱0.3%水剂500~800倍液等。 |

| **注意事项** | 及时定点定株检查,做好预测预报,喷药挑治虫株,避免全园喷药。 |

柑橘锈壁虱

症状表现	柑橘锈壁虱为害果称牛皮柑、黑炭丸、黑皮果等。成、若、幼螨群集在叶片、果实、枝条上刺吸汁液。叶片受害后叶背出现黑褐色，似被烟熏过。幼果被害先在果肩周围吸食，导致大量落果，中期果实被害，出现"牛皮果"，影响果实正常膨大，后期被害果皮黑褐色或紫红色，多称作"黑皮果""紫柑"和"火柑子"。
习性诊断	以成螨越冬，广东则常在秋梢叶片上越冬。成螨和若螨均喜阴，在叶上集中在叶背，果实上多集中在背阴面先行为害。于4月中旬开始爬向新叶，聚集在新梢叶背的主脉两侧为害，4月下旬至5月上旬为害幼果，引起大量落果，6月上旬黑皮果出现，7~8月虫口密度发展到当年的高峰，7~10月为发生盛期，在叶和果面上附有大量虫体和蜕皮，好似一薄层灰尘。借风力、昆虫、鸟雀、器械、苗木、果实的运输，传播蔓延。

黑皮果　　　　　　　　　　　　　锈壁虱为害的叶背成"烧叶"

诊断图片	
防治关键	锈壁虱7~10月为发生盛期，这个时期以前是药剂防治的适宜时期。
防治要点	● 改善果园环境，旱季适当灌水，以保持园内的生态，促使多毛菌等天敌的繁殖。在多毛菌流行时尽量避免使用杀菌剂，应停止铜制剂防治病害。 ● 药剂防治。可选用石硫合剂（石硫合剂因季节不同，使用浓度也不同，一般春季为0.2~0.3波美度，夏季为0.1波美度，秋季为0.2~0.4波美度，冬季为0.6~0.8波美度），45%晶体石硫合剂300倍液，多毛菌菌粉（每克7万菌落）300~400倍液，1.8%阿维菌素乳油3 000~4 000倍液，65%代森锌可湿性粉剂600~800倍液，20%双甲脒（螨克）乳油1 500~2 000倍液，5%霸螨灵悬浮剂1 000~2 000倍液，20%敌灭灵可湿性粉剂1 200~2 000倍液或80%大生M-45可湿性粉剂600~800倍液。
注意事项	经常检查果园，当螨口密度达到平均每视野2~3头或发现少数树有个别果实初呈黑皮时立即喷药防治；喷药必须均匀，叶背应全部有药，果实则应使背阴面均匀受药；保护天敌，慎用波尔多液等铜制剂。

柑橘黄蜘蛛 [又称柑橘始叶螨、四斑黄蜘蛛]

症状表现	主要为害柑橘春梢嫩叶、花蕾和幼果，以春梢嫩叶受害最重。叶片被害后形成黄斑，受害处凹陷扭曲、畸形，凹陷处常有丝网覆盖。嫩叶受害后，常在主脉两侧及主脉与支脉间出现向叶面凸起的大块黄斑，严重时叶片扭曲变形。老叶受害处背面为黄褐色大斑，叶正面为淡黄色斑。常引起落叶、枯梢，其为害甚于柑橘红蜘蛛。
习性诊断	以卵和雌成螨在树冠内膛中下部的当年生春梢、夏梢叶背凹陷处越冬，以潜叶蛾为害的僵叶上虫数最多。一年中以开花前后在春梢叶片上发生为害多，6月以后虫口急剧下降，10月后略回升。柑橘黄蜘蛛喜阴，果园荫蔽、树冠内部、中下部，叶背光线较暗的地方发生较多。
诊断图片	柑橘黄蜘蛛（郭俊 提供）　为害叶片症状（刘朝吉 提供）
防治关键	黄蜘蛛发生盛期比红蜘蛛早半个月左右，故防治适期为春梢芽长约1厘米时。
防治要点	参照柑橘红蜘蛛防治方法。

侧多食跗线螨 [又称茶跗线螨、茶黄螨]

症状表现	以幼螨和成螨为害柑橘嫩梢、嫩叶、腋芽和幼果。嫩梢被害生长衰弱，表皮灰白色，龟裂，湿度大时可诱发炭疽病；嫩叶受害后纵卷，质硬无法展开或成畸形叶，叶背灰褐色，有的类似锈壁虱为害状；腋芽受害后抽生受阻，芽节肿大，甚至黄化脱落；幼果受害，果皮呈细线状裂开，后期愈合成龟裂状疤痕。
习性诊断	以成螨在杂草根部或柑橘叶上的绵蚧卵囊下和盾蚧类残存的介壳内越冬，广东等地冬季温暖地区全年均可繁殖。一般在6月初迁移到柑橘树上，阴暗潮湿的环境最有利其发生为害，在棚式育苗地常严重发生。卵产在嫩叶背面、叶柄和嫩芽缝隙处。为害在叶片背面，偶有在叶面。受害嫩叶黄褐色、皱缩、僵化、叶缘卷曲，腋芽受害后变黄萎缩，失去抽梢能力。其传播靠苗木，或借风、昆虫和鸟类。

诊断图片

被害的嫩叶、嫩芽　　　　　受害叶片扭曲或不能正常展开，叶背淡褐色

防治关键	要及时摘除过早或过迟抽发的不整齐嫩梢，切断侧多食跗线螨食料源，降低虫口。
防治要点	● 果园及育苗圃附近不种植茄科蔬菜，园内不间种此类植物。 ● 果园特别是苗圃要通风透光，喷药时要均匀。 ● 新芽萌发时即应喷布农药。药剂有50%硫黄胶悬剂200~300倍液、0.2~0.3波美度石硫合剂，45%晶体石硫合剂300~400倍液，65%代森锌可湿性粉剂800倍液，73%克螨特乳油1 500~2 000倍液，25%螨克乳油1 500~2 000倍液或0.3%苦楝油200~300倍液等。

柑橘瘤壁虱 [又称柑橘瘤瘿螨、柑橘芽壁虱]

症状表现
　　主要为害柑橘春梢的腋芽、花芽、嫩叶和新梢幼嫩组织。春芽受害形成胡椒状的虫瘿，初为淡绿色，后变棕黑色。害螨在虫瘿内继续取食、生长繁殖，使腋芽失去萌发和抽生能力，严重影响树势和开花结果。

习性诊断
　　主要以成螨在虫瘿内越冬。成螨出瘿活动始期与春梢萌芽物候期基本一致。柑橘春芽萌发时，成螨从老虫瘿内爬出，为害新芽、嫩枝、花蕾、萼片和果柄，受害处迅速产生愈伤组织，形成新的虫瘿，潜居在内，繁殖其中。四川金堂，成螨开始出瘿时间在3月上中旬，3月下旬达到高峰。老虫瘿内的虫口则在萌芽放梢时急剧下降，至5月下旬虫口最少。新虫瘿于3月下旬花蕾期出现，以后逐渐增多，至4月下旬达到高峰。1个虫瘿内常有数穴，虫、卵多群居穴内。新虫瘿内的虫口在4~7月随气温的升高逐渐增加，虫数的密度大。

诊断图片

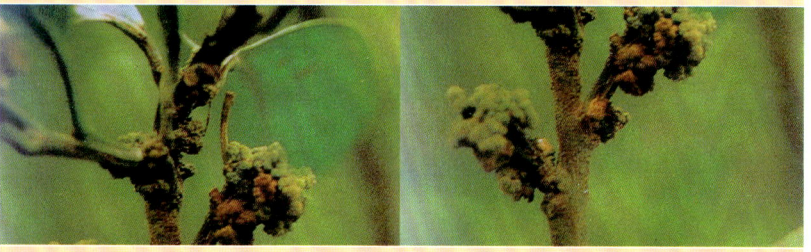

防治关键
　　避免在疫区调运苗木和接穗，是防治柑橘瘤壁虱蔓延的关键措施。

防治要点
　　● 来自疫区的接穗和苗木可用46~47℃的热水浸8~10分钟，以杀死在瘿内的活螨。
　　● 受害重的果园，在夏梢抽发前第1次生理落果期后进行重修剪，清除有虫瘿的枝叶集中烧毁，并对重剪植株加施速效肥，及早恢复树势，保证秋梢健壮抽发。冬季采果后再修剪1次，以进一步清除残余的虫螨。
　　● 柑橘瘤壁虱天敌主要是捕食螨，5~6月虫瘿内有不少捕食螨，应加以保护。
　　● 药剂防治。萌芽到开花期可选用40%氧化乐果乳油1 000~2 000倍液，40%水胺硫磷乳油1 000~2 000倍液，50%马拉硫磷乳油1 000倍液，25%亚胺硫磷乳油800~1 000倍液，25%喹硫磷（喹恶磷）乳油2 000倍液，0.5波美度石硫合剂，45%晶体石硫合剂200~300倍液，液体石硫合剂0.5波美度，20%哒螨酮2 000~3 000倍液，每15天1次，连续2~3次。

黑刺粉虱 [又称刺粉虱]

症状表现	以幼虫密集在叶片背面刺吸汁液，形成黄斑，并分泌蜜露诱发煤烟病，严重影响光合作用，使树势变弱，开花少，坐果低，产量下降，果实质量差。
习性诊断	一年发生4~6代。以2~3龄若虫在叶背越冬，在广东越冬有卵和若虫。若虫于2月下旬至3月化蛹，3月中旬至4月上旬大量羽化为成虫，羽化的成虫群集在当年春梢叶背上吸食汁液，交尾产卵。成虫有趋新（嫩）性，每代成虫的发生及盛发与新梢抽出有关，如果无新梢时，取食和产卵仍在上一次梢的叶片背面。远处传播可借风力。初孵若虫作短距离爬行后固定吸食。广东各代1~2龄若虫盛发期为4~5月、5月下旬至7月上旬、7月下旬至8月下旬、8月下旬至9月下旬、9月下旬至11月中旬。
诊断图片	　黑刺粉虱成虫（放大）　　　成虫及排列成圈状的卵粒（放大）
防治关键	掌握在各代1、2龄若虫盛发期（5月下旬至6月上旬、7月中下旬、9月上旬、11月中旬）进行化学防治，尤其要注意第1代若虫盛发期的防治。
防治要点	● 剪除密集的虫害枝，使果园通风透光，及时中耕、施肥，增强树势。 ● 冬季清园时可喷布99.1%敌死虫（机油乳剂）150~200倍液，松脂合剂8~10倍液，石硫合剂0.8~1波美度，杀死越冬若虫及清除煤烟病。同时，春季经常检查柑橘树，发现羽化成虫，可喷药杀灭，减少产卵量。 ● 药剂有90%晶体敌百虫500~1 000倍液，50%马拉硫磷乳油800~1 000倍液，50%乐果乳油800倍液，40%水胺硫磷乳油800倍液，25%扑虱灵可湿性粉剂，10%吡虫啉可湿性粉剂2 500~3 000倍液，40%速扑杀乳油1 000~2 000倍液，40.7%乐斯本乳油1 000~2 000倍液。

柑橘木虱 [又称柑橘东方木虱]

症状表现	主要为害嫩芽、新梢，春梢、夏梢、秋梢均可受害，秋梢虫量最多。成虫集中在嫩芽上吸食汁液并产卵在芽隙处，若虫则群集于幼芽嫩梢吸取汁液。被害嫩梢幼芽、新叶畸形卷曲。若虫的排泄物能引起煤烟病。柑橘木虱是传播柑橘黄龙病的媒介昆虫。
习性诊断	一年发生5~14代。以成虫在叶背过冬，翌年3~4月，在春芽萌发时，即在初露出的嫩芽上产卵繁殖，孵化的若虫为害春梢。每个梢期各个虫态同时存在。在福州，柑橘木虱虫口数量一年出现3个高峰期，分别为3月中旬至4月、5月下旬至6月下旬、7月底至9月，以秋梢期虫量最多，为害严重。若虫孵出后集中在原处为害。成虫平时分散在叶片背面和嫩芽上栖息并吸收，腹部翘起呈45°角，能弹跳，会飞翔。
诊断图片	

柑橘木虱若虫为害柚芽

柑橘木虱成虫，45°停息（放大）

柑橘木虱幼虫及其排泄物

（续表）

诊断 图片	 柑橘木虱成虫 　　柚芽上的柑橘木虱 　　卵及刚孵化出来的若虫
防治 关键	各次新梢抽发期，当芽长 0.5~5 厘米时要及时喷药。另外，在气温低的冬季，柑橘木虱成虫活动能力差，停在柑橘叶背上越冬，此时喷布药剂能有效杀灭成虫，是一年中防治的最关键时期。柑橘木虱对有机磷农药敏感，不但可以 100% 杀死，而且有较长的持效性。
防治 要点	● 每次新芽抽出 5 毫米时，应喷第 1 次药剂，隔 7 天再喷 1 次。在 5 月，许多柑橘品种的幼年树和结果树会抽发早夏梢，而 5 月正是黄龙病的高发季节，随后是 6~7 月的夏梢期。每次夏梢的萌芽期都是柑橘木虱防治的重要时期。秋梢抽发期，尤其是 9~10 月秋梢抽出期（又是气温适宜黄龙病发生期），应及时防治，这对黄龙病高发地区可明显减少病树。 ● 果园品种应统一，使每次新梢抽出的时间一致；结果树要通过抹梢控梢，促使新梢整齐抽生；园边种植防护林，园内种植绿肥和其他杂草，调节气候，改善生态环境。 ● 选用药剂有：50% 乐果乳油 800 倍液，40.7% 乐斯本乳油 1 000 倍液，10% 吡虫啉可湿性粉剂 2 500 倍液，35% 克蛾宝（阿·辛）乳油 1 500 倍液，50% 辛硫磷乳油 800 倍液，2.5% 鱼藤精乳油 300~500 倍液，25% 蚜虱绝（吡虫啉·辛硫磷）乳油 1 500~2 000 倍液，机油乳剂 250~300 倍液，0.3% 印楝素乳油 800~1 000 溶液（在释放捕食螨的柑橘上使用）。
注意 事项	柑橘黄龙病发生与柑橘木虱发生密切相关，柑橘木虱严重发生时，黄龙病随之大发生。

柑橘潜叶蛾 [又称绘图虫、鬼画符]

症状表现

　　潜叶蛾的幼虫孵出后从卵壳底部潜入寄主嫩叶、嫩茎皮下组织取食，蛀成弯曲银白色隧道，在隧道中间有 1 条黑色线为幼虫的排泄物。叶片受害组织不能正常生长而另一面叶组织则正常生长，因此使叶片卷缩硬化，俗称"茶米叶"，提早脱落。幼年树和苗木受害，严重影响树冠的扩大和苗木质量。幼果受害，果皮留下伤迹。枝叶受害后的伤口常是柑橘溃疡病病菌侵染的途径，导致溃疡病严重发生。又常成为螨类等害虫的越冬场所。

习性诊断

　　在华南每年发生 14~16 代，以蛹或少数老熟幼虫在叶缘卷曲处越冬。多数地区 4 月下旬越冬蛹羽化为成虫，5 月田间出现为害，7~9 月夏梢、秋梢抽发期为害最烈。在海南气温高，3 月即可见此虫为害，广东杨村春暖年份的迟春梢嫩叶亦有受害。幼树和苗木抽梢多而不整齐时受害重。

诊断图片

嫩叶为害状　　　　　　　　　　　　幼虫（化蛹前向叶缘靠近）

（续表）

幼虫及虫道　　蛹

诊断图片	
防治关键	坚持抹芽控梢，抹除零星抽生的晚夏梢和早秋梢，统一放秋梢，切断害虫食物链。我国南亚热带柑橘产区，8月下旬至9月中旬有1次潜叶蛾高峰期，应加强防治。
防治要点	● 冬季清园，结合修剪剪除被害枝叶，清除虫源。 ● 抹芽控梢。摘除并处理过早或过晚抽发的嫩梢，配合肥水管理，使夏、秋梢抽发整齐，有利于集中喷药护梢。在我国南亚热带柑橘产区，夏梢可在5月末至6月初放吐，秋梢在立秋后放吐；处暑之后（8月下旬至9月中旬）有1次潜叶蛾发生高峰期，应加强防治。在中亚热带柑橘产区，发梢力强的温州蜜柑等品种的夏梢宜在7月上旬、秋梢宜在8月下旬至9月上旬放吐，而甜橙类只适合在7月末至8月初放1次秋梢。 ● 药剂保梢。当新梢吐出5~10毫米时开始喷第1次药，每隔7~10天1次，连喷2~3次。药剂可选用：1.8%害极灭乳油（齐螨素）4 000~5 000倍液，5%卡死克1 000倍液，25%敌灭灵（除虫脲）可湿性粉剂1 000~1 500倍液，1.8%集琦虫螨克乳油（阿维菌素）3 000~4 000倍液，1.8%爱福丁乳油（1号）3 000~4 000倍液，0.9%齐螨素乳油2 000~3 000倍液，0.9%阿维菌素乳油（虫螨克2号）4 000~5 000倍液，20%高粘阿维菌素7 000~10 000倍液，10%吡虫啉可湿性粉剂1 000~2 000倍液，35%克蛾宝（阿·辛）乳油1 200~1 500倍液，可兼治柑橘木虱和蚜虫。

柑橘粉虱 [又称柑橘黄粉虱、橘绿粉虱]

症状表现

　　主要以若虫为害春、夏、秋各次新梢叶片。成虫群集、若虫固定在新叶背上吸食叶汁液。成虫为害时分泌一薄层蜡粉在叶背，同时交尾产卵。叶片因若虫排泄物诱发煤烟病，致使枝叶污黑，阻碍光合作用，导致树势衰弱，开花少，坐果低。果实表面覆盖煤烟，外观差，价贱。

习性诊断

　　一年发生5~6代。以3龄若虫和蛹在秋梢叶背越冬，翌年3月中旬越冬代羽化为成虫。重庆初龄若虫盛期分别为3月下旬、5月中下旬、7月上中旬、7月下旬至8月上旬、10月上旬。广东多点观察初龄若虫在3月中旬出现，4月中旬严重为害春梢，并诱发煤烟病。4月下旬后至5月上旬羽化盛期，第3代发生于6月下旬至7月下旬，第4代在8月上旬至9月上旬为害秋梢，9月中旬后成虫渐少，但若虫大量为害秋梢，引起叶片和果实煤烟病严重发生。

诊断图片

成虫群集叶背为害　　　　　　　柑橘粉虱若虫为害叶背面，图中为羽化后的虫壳

防治关键

　　寄生柑橘粉虱若虫的粉虱座壳孢菌分布普遍，寄生率高，要注意保护。

防治要点

　　参照黑刺粉虱的防治方法。

矢尖蚧 [又称矢尖盾蚧、矢坚蚧]

症状表现	被害处的四周变黄绿色，严重时大部分叶片卷缩，枝条干枯，削弱树势，诱发煤烟病，甚至引起植株死亡，影响柑橘产量和果实品质。
习性诊断	一年发生 2~4 代。多以受精雌成虫越冬，少数以 2 龄若虫越冬。每年 4 月下旬当日均温 19℃以上时，越冬雌成虫开始产卵，卵产在母体介壳下。繁殖力强，第 1 代若虫高峰期为 5 月中下旬，多在老叶上寄生为害，成虫于 6 月下旬至 7 月上旬出现。第 2 代若虫高峰期在 7 月中旬，大部分寄生于新叶上，一部分在果实上，成虫于 8 月下旬出现。第 3 代若虫高峰期在 9 月上中旬。成虫于 10 月下旬出现，次年 3 月下旬为成虫高峰期。
诊断图片	 矢尖蚧为害果实状　　　　　矢尖蚧为害柑橘枝叶
防治关键	矢尖蚧第 1 代发生比较整齐，初孵 1~2 龄幼蚧抗药力较差，此时天敌虫口也较低，是药剂防治的关键时期。
防治要点	● 结合冬春修剪剪除为害枝叶集中烧毁，保持果园通风透光良好。矢尖蚧已知的天敌近 30 种，其中有瓢虫、蚜小蜂、跳小蜂和寄生菌等，可一定程度上抑制虫口密度，在局部发生为害时，应以喷药挑治来保护天敌。 ● 喷药适期为当年第 1 代幼蚧初见日后 21~25 天喷第 1 次药，隔 15~20 天喷第 2 次。防治 1~2 龄幼蚧可用 40% 水胺硫磷乳油 800 倍液，25% 喹硫磷乳油 600~1 000 倍液，40.7% 乐斯本乳油 800~1 000 倍液，40% 杀扑磷（速扑杀）乳油 1 000~1 200 倍液，35% 快克 1 000 倍液，50% 杀螟松乳油 1 000 倍液，50% 乐果乳油 1000 倍液，50% 马拉硫磷乳油 800 倍液，99.1% 敌死虫乳油 200~250 倍液，松脂合剂 10~18 倍液。另外，用 0.3% 印楝素乳油 100~200 倍液混合 50 倍机油乳剂防治雌成虫，效果极好；适期喷 2.5% 甘薯淀粉液，防治效果可达 98%。每次喷药务必均匀。

糠片蚧 [又称灰点蚧、圆点蚧]

症状 表现	成虫和若虫群集在枝条、叶片及果实上为害，柑橘果实受害处出现绿色斑，蚧体紧贴在微凹处，极难清除，失去商品价值。枝叶受害严重时，枝枯叶落，树势衰退，产量减少，是柑橘的重要害虫之一。
习性 诊断	重庆一年发生 3~4 代，各代盛期分别是 5 月下旬，7 月下旬至 8 月上旬，9 月中旬至 10 月上旬，11 月上中旬。从周年发生情况来看，6 月下旬开始向果实转移为害，主要发生在 7~12 月，以 9~10 月雌成蚧密度最大。广东第 1 代若虫在 4 月下旬始现，第 1 代为害枝、叶，第 2 代向果实上迁移为害。该虫喜欢寄生在光线不足的枝叶上，因此在温暖潮湿、光照不足、管理粗放或滥喷农药的果园容易受害，同一株树，上、中、下层受害依次加重。在果实上多固定在油胞凹陷处，尤其在果肩至果蒂部位。

诊断 图片

糠片蚧在果面较凹入部位固定为害

糠片蚧为害枝条、叶片

防治 关键	糠片蚧喷药防治必须在幼蚧上果前进行，防治适期应为 5~6 月。
防治 要点	● 在广东幼蚧第 1 次出现在 4 月下旬至 5 月中旬，6 月以后开始向果面转移，药剂防治应在 5 月幼蚧爬行期进行，此次喷药应喷及枝叶，这样可降低以后各代的虫口密度。药剂选用见矢尖蚧。 ● 加强果园管理。适度剪除内膛枝、干枯枝、郁闭枝，让果园通风透光良好。新种植区不购买带虫苗木。

褐圆蚧 [又称鸢紫褐圆蚧、茶褐圆蚧]

症状表现	成虫和若虫在叶片、果实及枝干上刺吸汁液，主要为害叶及果实。叶片受害后，出现黄色斑点，影响光合作用；果实受害后呈现累累斑点，品质降低，甚至引起落果；枝干受害，表面粗糙，树势衰弱，枝枯叶落。
习性诊断	广东一年发生5~6代，后期世代重叠，以雌成虫和2龄若虫越冬。各代第1龄若虫盛发期：第1代5月中旬，第2代7月中旬，第3代9月下旬，第4代10月下旬至11月中旬。第1代主要于新梢和幼果上为害，第2代主要为害果实。在广东一年中以夏秋为害果实最烈。

诊断图片

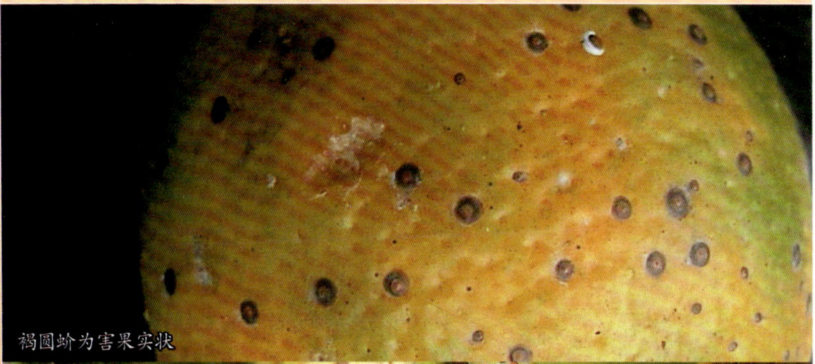

褐圆蚧为害果实状

叶片上布满不同龄期的褐圆蚧

防治关键	适时用药，抓住对第一代初龄幼蚧盛发期用药，在确定第1代若虫初见之后的21天、35天、56天各喷1次药。
防治要点	参照矢尖蚧的防治方法。

黑点蚧 [又称黑片盾蚧、黑星蚧]

症状表现
若虫和成虫常群集固定在叶片、果面上及新枝上为害，枝条上较少，形成黄斑，影响光合作用。严重时枝干叶枯，影响果实的外观和品质。

习性诊断
重庆一年发生 3~4 代。多以雌成虫和卵在柑橘叶片和枝条上越冬。5月下旬开始有少数幼蚧向果实迁移，6~8 月叶片和果实大量发生为害，7月上旬以后果实上虫口渐多，8 月中旬又转移到新一轮梢叶片上为害。分别于 7 月上旬、9 月中旬和 10 月中旬出现 3 次高峰。1 龄幼蚧全年均有发生，全年雌成蚧的虫口密度始终高于 1 龄幼蚧。该虫主要借风力和苗木传播，风力是主要传播媒介。

诊断图片

黑点蚧在果面固定为害（放大 18 倍）

黑点蚧为害叶片和果实状

防治关键
掌握在 5~8 月 1 龄幼蚧高峰期喷药防治，15~20 天 1 次，连喷 2 次；同时要保护天敌。

防治要点
参照矢尖蚧的防治方法。

红圆蚧 [又称赤圆介壳虫、红圆介壳虫]

症状表现	成虫和若虫群集在叶片、果实及枝条上为害。苗木自主干基部到顶叶均有寄生。大树多寄生在顶部枝条及叶片正、背面。严重时层叠满布于枝条、叶片上，导致落叶、枝条干枯，影响果树生长。
习性诊断	红圆蚧以2龄幼蚧和雌成虫在枝叶上越冬，我国柑橘主产区每年发生3~6代。各代幼蚧分别于5月、8月和10月出现3次高峰。在苗木下部靠近地面叶片上，常成群聚集为害，也喜欢聚集在枝条上取食。初孵幼蚧借风力、昆虫和鸟类等传播。

诊断图片

红圆蚧为害果实状

红圆蚧为害枝条状

防治关键	化学防治应掌握在冬季进行，以减少天敌伤亡。生长期则应抓第1代防治，5~6月幼蚧爬出母体游荡取食期，连续喷药2次。
防治要点	结合修剪，剪除虫枝，喷95%机油乳剂80~100倍液或松脂合剂8~10倍液。喷雾必须均匀湿透。药剂选用参见矢尖蚧部分。

堆蜡粉蚧 [又称橘鳞粉蚧]

症状 表现	以若虫和成虫群集为害寄主植物的枝条、幼果，并诱发严重煤烟病。新梢被害引起畸形或枯死，果实受害果肩周围形成突瘤，黄化脱落或果实变形，失去商品价值。
习性 诊断	在广东每年发生5~6代，世代重叠，以若虫和成虫在树干、枝条的裂隙处或残桩的穴内及卷叶内越冬。2月上旬开始活动，并为害春梢。3月下旬出现第1代卵囊，卵亦相继孵化，4月中旬孵化若虫在枝上爬行迁移。各代若虫盛发期分别出现在4月上旬、5月中旬、7月中旬、9月上旬、10月上旬和11月中旬。

**诊断
图片**

堆蜡粉蚧为害果实状　　　　　　　　　　　　枝梢受害状

防治 关键	掌握在每代幼蚧发生期（4月上旬、5月中旬、7月中旬、9月上旬、10月上旬和11月中旬），在未有分泌大量棉絮状蜡粉时进行。
防治 要点	● 清洁果园和药剂防治相结合。 ● 冬季做好修剪，将越冬的虫枝剪除；树干涂白时刷干净在枝干裂缝处的越冬成、若虫。 ● 喷药时务必使枝梢、叶片均匀沾上药液，尤其是第1代幼蚧，需及时防治。药剂有：50%乐果乳油800~1 000倍液，40%水胺硫磷乳油800~1 000倍液，50%马拉硫磷乳油800~1 000倍液，40.7%乐斯本乳油1 500~2 000倍液，40%扑杀磷（速扑杀）乳油800~1 000倍液，99.1%敌死虫200~250倍液。 ● 果园中可引移天敌，增加园中天敌数量和种群。

柑橘粉蚧 [又称紫苏粉蚧、橘粉蚧]

症状表现	成虫、若虫群集在叶背、果蒂和枝条的凹处为害，引起落叶、落果，其分泌的蜜露诱发煤烟病。
习性诊断	在华南柑橘产区每年发生3~4代，以雌成虫在树皮裂缝处越冬。初孵幼蚧喜群集在叶背主脉两侧、嫩芽、腋芽、果柄、果蒂处、果与果、叶与叶或两叶叠合处等荫蔽场所为害，使嫩芽卷曲，叶片畸形，节间缩短，还可诱发煤烟病。故阴湿、密闭的果园较多发生。

诊断图片

柑橘粉蚧在果蒂周围为害

柑橘粉蚧为害果柄

防治关键	天敌有圆斑弯叶瓢虫、孟氏隐唇瓢虫、豹纹花翅蚜小蜂、粉蚧长索跳小蜂等，要注意保护。
防治要点	参照堆蜡粉蚧的防治方法。

吹绵蚧 [又称绵团蚧、棉子蚧]

症状表现	若虫和雌成虫群集在寄主的枝干、叶背中脉两侧和果实上为害，吸食汁液，使叶黄枝枯，皮层粗糙，引起落叶、落果，甚至全株枯死，并能排泄大量蜜露，诱发煤烟病，影响光合作用。
习性诊断	一年发生 3~4 代，以成虫、卵和各龄若虫在主干和枝叶上越冬。吹绵蚧发生时期因地域而异。四川第 1 代卵和若虫盛期在 4 月下旬到 6 月，第 2 代在 7 月下旬到 9 月初，第 3 代在 9~11 月，其中以 1~2 代发生严重。广东杨村第 1 代开始孵化在 4 月中旬，第 2 代 7 月中旬开始，8 月上旬田间各虫态均可见到。温暖高湿为其适宜的气候条件。此外，霜冻、干热、大雨也不利于它的发生繁殖。吹绵蚧虫体小，它的传播借助风力或随苗木、接穗和农事活动传播。

卵囊内暗红色的幼蚧和爬向枝条的幼蚧　　　　吹绵蚧群集为害

防治关键	吹绵蚧为害严重的可释放澳洲瓢虫或大红瓢虫，放虫期间不宜喷药。
防治要点	● 加强检疫，防止带虫繁殖材料随调运传播，禁止从虫区引进苗木。 ● 修剪时注意修剪虫枝，集中烧毁。 ● 释放瓢虫。时间：澳洲瓢虫以 4~6 月和 9~10 月为好；大红瓢虫释放时间为 4~9 月。放虫树最好选择吹绵蚧为害严重、枝叶茂密、生长旺盛的树。在释放瓢虫后和吹绵蚧被消灭前，不宜喷药，以免杀死瓢虫。放虫数量，一个 300~500 株的果园，放虫量以 50~200 头为宜，愈多愈好。一般放虫后 1~2 月便可将吹绵蚧消灭。 ● 在吹绵蚧发生面积不大，仅个别植株受害，若虫数量多又无瓢虫时，可喷药防治。以 25% 喹硫磷乳油 1 000 倍液，50% 乐果乳油 800 倍液，松脂合剂（冬季 8~10 倍液，夏、秋季 16~20 倍液），每隔 15 天 1 次，连续 2~3 次。秋季高温干旱，使用松脂合剂应减少施药次数。

柑橘绵蚧 [又称龟形绵蚧、柑橘绿绵蚧]

症状表现	以若虫和成虫群集于枝条和叶片上为害，吸取汁液，并分泌蜜露诱发严重煤烟病，其煤烟密而厚，严重阻碍光合作用的正常进行，削弱树势，导致花少果少。
习性诊断	浙江黄岩一年发生1代，以2龄若虫在枝叶上越冬。翌年3月下旬至4月下旬化蛹，4月中旬至5月下旬为羽化期。雌虫产卵期在4月下旬至5月下旬，以5月中旬为盛期，若虫盛孵期在5月下旬，末期在6月上旬。广东杨村一年发生1~2代，以老龄若虫越冬，翌年3月下旬开始爬向叶背或在原枝条上，3月下旬至4月上旬开始产卵，4月下旬至5月上旬盛期。4月中旬即可见到早期卵孵出的幼蚧在卵囊下爬出，在枝条上爬走，寻找较嫩的枝条固定为害。第2代成虫于7月中旬形成卵囊产卵，7月下旬可见幼蚧孵出。此虫多在较荫蔽的靠内膛或树冠下部枝条上为害，有群集性。

诊断图片

柑橘绵蚧雌成虫　　　　　　柑橘绵蚧为害状

防治关键	掌握在春季幼蚧孵化高峰期喷布有机磷农药2~3次。
防治要点	● 冬季采果后，结合修剪，剪除虫害枝条，集中烧毁，并喷布有效农药杀死越冬若虫。农药有松脂合剂8~10倍液、机油乳剂100~200倍液，或选用一些含机油成分的农药。 ● 已有发生的柑橘园，要勤查柑橘树，掌握幼蚧孵化高峰期选用有机磷农药喷布2~3次，并喷透枝条、叶片，防效良好。 ● 我国已发现的天敌有黑缘红瓢虫、红点唇瓢虫等，及多种跳小蜂和食蚜小蜂，还有捕食螨、真菌等，应加以保护。

柑橘蚜虫

症状表现	成虫和若虫群集在柑橘的芽、嫩梢、嫩叶、花蕾和幼果上吸食汁液，在嫩叶上多群集在叶背为害。绣线橘蚜为害状独特，幼芽受害后，生长停滞，不能正常抽梢；嫩叶受害后，叶片向背面横向卷曲；枝梢被害后，节间缩短，呈"拳头状"。棉蚜早期为害寄主嫩叶、嫩梢和芽，后期常见为害近成熟的叶片。橘蚜沿枝梢和叶脉排列取食，有时也布满整个梢叶和叶背，严重时受害梢叶片畸形扭曲、黄化，不会卷缩成簇也不形成卷叶。
习性诊断	主要有棉蚜、橘蚜、绣线菊蚜。蚜虫是柑橘衰退病的传播者。棉蚜：全年发生，但为害以春梢、夏梢为主。橘蚜：一年发生10~20代，广东一年24代左右。广东、福建以成虫越冬；浙江、江西、四川西北部以卵在枝干上越冬。晚春及早秋繁殖最盛，出现两次虫口高峰。绣线菊蚜：在福建、广东，绣线菊蚜为优势种群，可在抽发冬梢上繁殖，并形成第一个高峰期，4~6月形成第二个高峰，为害春梢和早夏梢，为害期长达3个月。绣线菊蚜全年发生，属秋季重发型。
诊断图片	 绣线菊蚜　　　　　　　　无翅橘蚜
防治关键	春夏之交数量最多，秋季次之。蚜虫类天敌有多种瓢虫、食蚜蝇、草蛉、蚜茧蜂等，应加以保护利用。
防治要点	● 冬季结合修剪剪除有卵枝和被害枝梢，尤其应剪除受害的迟秋梢（晚秋梢），可降低越冬虫口基数。在生长季节，每次新梢应除零星留整齐，使抽梢一致。 ● 保护天敌，在广东杨村常见的有六斑月瓢虫、四斑月瓢虫、十斑大瓢虫、红肩瓢虫点肩变型瓢虫，而以红肩瓢虫点肩变型食量大，繁殖多。另外有草蛉和食蚜蝇多种。 ● 在天敌数量不足而蚜虫又严重为害的高峰期，可辅以农药防治，可选用10%吡虫啉可湿性粉剂4 000~6 000倍液，3%莫比朗乳油2 500~3 000倍液，3%啶虫脒微乳剂2 000倍液，5%啶虫脒超微可湿性粉剂3 000~4 000倍液，25%蚜虱绝（吡虫啉·辛硫磷）乳油2 000~3 000倍液。

柑橘凤蝶

症状表现	危害严重的主要有玉带凤蝶、柑橘凤蝶和达摩凤蝶 3 种。以幼虫为害柑橘、黄柏和山椒等果树和植物的嫩叶、新梢，初龄幼虫咬食嫩叶，将叶片食成缺刻，中龄以后则将叶片食光或仅存叶柄和主脉，严重发生时，可将幼年树新梢叶片全部食光，影响树冠的形成。
习性诊断	柑橘凤蝶：一年 3~6 代，3~4 月羽化为春型成虫，7~8 月羽化出的即为夏型。玉带凤蝶：长江流域每年发生 4~6 代，3~4 月成虫出现，4~11 月均有幼虫发生，以 5 月中下旬、6 月下旬、8 月上旬和 9 月下旬为发生高峰期。达摩凤蝶：一年 4~6 代，3~11 月均见成虫活动，其发生时间与柑橘凤蝶相同。

诊断图片

柑橘凤蝶成虫

玉带凤蝶成虫

柑橘凤蝶幼虫

达摩凤蝶成虫

防治关键	幼年果园提倡人工抹除卵粒，查捉幼虫和清理虫蛹相结合，来防治凤蝶类害虫。
防治要点	● 捕捉成虫。在成虫羽化盛期于早晨露水未干时及傍晚成虫停息后，一般在柑橘树冠下部或园边灌木或绿肥叶上停息，此时可人工捕捉。白天可用捕蝶网兜，在网兜边固定 1 只成虫，以性引诱的方法网套成虫。 ● 幼年果园提倡人工抹除卵粒，查捉幼虫和清理虫蛹相结合，可降低成本。 ● 保护和利用天敌。自然天敌有寄生卵粒的赤眼蜂和凤蝶蛹寄生蜂等，对凤蝶蛹的寄生效果较好，应以保护。多种小雀均是鳞翅目幼虫的主要天敌。 ● 药剂防治。药剂有 Bt. 乳剂 200~300 倍液（每克制剂有 100 亿孢子），10% 吡虫啉可湿性粉剂 3 000 倍液，10% 氯氰菊酯乳油 2 000~3 000 倍液，0.3% 苦参碱水 200 倍液，40.7% 乐斯本乳油 1 000~1 500 倍液，50% 马拉硫磷乳油 800~1 000 倍液，80% 敌敌畏乳油 800 倍液。但每种农药喷布都应掌握在幼龄期的幼虫，才有良好的防治效果。

油桐尺蠖 [又称海南油桐尺蠖、柑橘尺蠖]

症状表现	以幼虫啮食柑橘叶片。幼龄幼虫咬食叶尖部位的叶背叶肉，只存上表皮，严重发生时，成片柑橘叶尖似被火烧焦，成长中的幼虫咬食叶片，直至老熟化蛹。其食量大，一片叶片被啮食后只存主脉，严重发生时，一株树的叶片全被吃光，只存秃枝和一些叶片主脉，成一把“扫帚”。使树势衰落，不能开花结果。
习性诊断	广东每年发生3~4代，福建和广西一年3代，以蛹越冬。广东的越冬蛹羽化于3月中旬，4月上旬至5月中旬、6月下旬至7月上旬为幼虫盛期，也是一年中为害最烈的时期。8月上旬开始为第3代幼虫期，为害秋梢严重。第4代幼虫发生于9月下旬，直至10月均可见为害。油桐尺蠖成虫白天静栖在柑橘树的叶片、树干和大枝处，晚上交尾，产卵在叶背、叶面上或防风林树干裂缝处。初孵幼虫钻出卵块，吐丝飘移，分散在树冠的叶片上，随即咬食叶尖背面叶肉，留下网状脉和上表面，受害叶尖干枯焦赤，如被火烤。中龄幼虫每天可吃叶片8~12片，饱食后移至枝条分叉处或枝叶有角度处，以胸足和尾足两端固定，搭桥式停息，体色相似枝条颜色。同时，在叶片上或地下排泄长椭圆形粪便。
诊断图片	 不同体色的幼虫  幼龄幼虫咬食叶尖和叶背叶肉

（续表）

诊断图片	 雌成虫腹面 　雄成虫  尺蠖卵块孵化出的幼虫 　雌虫体及体内卵粒
防治关键	要经常检查果园，发现油桐尺蠖幼虫及时捉除。
防治要点	● 打蛾。在雨后羽化出土的蛾多，且停息在柑橘树干或叶片上、园边的防风林树干上，可用竹竿扎几条小竹枝进行捕打。捕打应在大雨之后及时进行。 ● 挖蛹。幼虫化蛹在柑橘树主干的 80 厘米范围，可浅翻泥土查捡虫蛹，在以台湾相思作防风林时，树干周围也有虫蛹，应结合挖除，集中作家禽饲料或烧毁。 ● 捉幼虫。经常检查果园，发现幼虫及时捉除。高龄幼虫躲藏在小枝杈上，可从虫粪顺查发现。 ● 药剂防治。应掌握刚孵化的 1 龄虫或 2 龄虫期进行，可选用多种拟除虫菊酯杀虫剂和有机磷类杀虫剂，或青虫菌每克 150 亿 ~300 亿孢子粉剂 500 倍液。

柑橘卷叶蛾

症状表现	蛀食花蕾，缀食叶片，为害果实，导致大量落果，造成很大损失，是柑橘果实的重要害虫之一。
习性诊断	为害柑橘的卷叶蛾类主要为拟小黄卷叶蛾和褐带长卷叶蛾，拟小黄卷叶蛾：每年发生 7~9 代，4~5 月为害幼果最烈，5~8 月幼虫为害嫩叶、幼芽，9 月又转至果实为害。褐带长卷叶蛾：在长江流域一年约发生 4 代，而在福建、广东为 6 代。4~6 月第 1 代幼虫为害幼果、嫩梢、嫩叶和花蕾，6 月以后转移为害新梢。柑橘谢花后至第 2 次生理落果期，常是幼虫盛发阶段。

褐带长卷叶蛾幼虫　　　　拟后黄卷叶蛾成虫　　　　拟小黄卷叶蛾幼虫

防治关键	柑橘谢花后至第 2 次生理落果期，常是卷叶蛾幼虫盛发阶段。
防治要点	● 修剪被害虫枝，扫除地下枯枝落叶，铲除园内园边杂草，消灭在落叶和杂草中的幼虫和蛹，减少越冬虫口基数。 ● 在幼虫发生期摘除叶面的卵块和挤压结缀的叶苞，将幼虫挤死。清除被害果和落果，防止幼虫转果为害或迁至落叶上化蛹。 ● 在 4~5 月和 9 月幼虫蛀果盛期前，可用 Bt 乳剂 800 倍液或 100 亿／克的青虫菌 1 000 倍液进行防治。也可在卷叶蛾产卵前释放松毛虫赤眼蜂，每代放蜂 3~4 次，进行防治。 ● 在盛花期和幼果期经常检查花瓣脱落情况和幼果果萼部位，当虫口密度大时或夏梢、秋梢抽发期应及时喷药。药剂有：90% 晶体敌百虫 800~1 000 倍液，50% 敌敌畏乳油 800~1 000 倍液，2.5% 溴氰菊酯乳油 3 000 倍液，20% 甲氰菊酯乳油 3 000 倍液。 ● 合理配置果园边寄主植物。在卷叶蛾为害严重的果园内及其附近，避免种植豆类及其他寄主植物，如紫穗槐、猪屎豆和印度豇豆等绿肥作物，否则会加剧幼虫为害。

星天牛

症状表现	幼虫在离地 50 厘米以内的树干以下及主干、侧大根为害，先蛀食皮层，再蛀食木质部造成许多孔洞，树基粪屑堆积，树皮开裂，导致树体衰弱，甚至全株枯死。其伤口还为脚腐病的发生创造条件。
习性诊断	又名橘星天牛，俗名花牯牛、蛀树虫等，每年发生 1 代，以幼虫在蛀道内越冬，第 2 年春继续蛀食。成虫 5~6 月羽化，5 月底至 6 月中旬为产卵盛期，卵多产在树干上离地 5 厘米处。产卵时先将皮层咬成"L"或"T"形口，产卵处表面湿润或有泡沫状物。幼虫孵化后，先在产卵处附近的皮层下蛀食皮层，不久即向下蛀食主干基部及达地平线后，即绕基干周围迂回蛀食皮层，并在根颈处扩大蛀食范围，若多头幼虫一起绕树干蛀食 1 圈后，可致柑橘树死亡。幼虫在皮层蛀食所排泄的粪便填塞在树皮下。幼虫在皮下蛀食至 7 月后，常在近地表处转蛀入木质部为害。初入木质部时蛀道平直，至一定深度后转而向上，蛀道长 17~33 厘米，上端为蛹室，其出口为羽化孔，孔口常被变了色的树皮掩盖，易于识别。

诊断图片	

成虫咬食枝条皮层　　　　　　　成虫咬树皮产卵

防治关键	星天牛防治原则：一是捉成虫，二是除卵粒，三是钩杀和药杀幼虫。
防治要点	● 在成虫发生期于晴天中午进行捕捉，可减少产卵数量。 ● 在 6 月常检查果园柑橘树，树干基部出现稍隆起的产卵裂口或树皮有湿润状时，用小刀刮开皮部清除卵粒或初孵幼虫。 ● 幼虫在蛀入木质部前，可先将木屑扒开，捉出幼虫；若已蛀入木质部且蛀道不长的，可用钢丝钩杀；不易钩杀的幼虫，用钢丝将虫孔内粪屑清除干净，用脱脂棉或废纸蘸药液塞入虫孔或用注射器进行虫孔灌药，再以湿泥封堵虫孔，勿使其通气，能使其中的幼虫中毒死亡。常用农药有 80% 敌敌畏乳油或 50% 乐果乳油 5~10 倍液，或用 1/8~1/6 片磷化铝塞入虫孔，或用 70% 天牛驱杀剂 25~30 倍液注入虫孔，再用湿泥封堵。 ● 在天牛成虫产卵前用石灰浆涂白树干，或在树干树盘喷布农药，可减少天牛产量。

光盾绿天牛 [又称橘绿天牛、枝天牛]

症状表现	幼虫从小枝条沿枝干向下蛀食枝干并隔一段距离向外蛀开 1 个通气排粪孔，故有"吹箫虫"之称。主要为害柑橘类，偶见为害核桃和枸橘。受害枝干长势衰弱或易风折，早期受害后出现叶黄、梢枯，其受害程度虽没有星天牛和褐天牛致全株枯死那么严重，但可严重影响树势与产量。
习性诊断	在四川、福建和广东每年发生 1 代，幼虫在枝条内越冬。成虫 5 月中旬始见，5 月下旬至 6 月中旬盛发，8 月仍可见。成虫羽化出孔后即可交尾，卵产在嫩绿细枝分叉处或叶柄与嫩枝的叉口处，6 月中旬至 7 月上旬为盛孵期。幼虫孵化咬破壳底蛀入枝条，先旋转 1 圈向上蛀食端梢，端梢被蛀食后，即枯死。此后幼虫转头向下，从小枝至大枝沿枝向下直至主干。幼虫在蛀道中隔一定距离向外斜蛀一个通气、排粪孔，排出白色颗粒状粪便，掉落叶片上和地面。最下方孔口以下不远处是幼虫潜伏处。每一蛀道有 1 头幼虫。

诊断图片	 光盾绿天牛成虫　　　　光盾绿天牛幼虫

防治关键	光盾绿天牛雄虫有争偶现象，常 3~5 头雄虫争 1 头雌虫，可用网兜捕捉。
防治要点	● 6~7 月幼虫孵化期，逐园逐株及时检查受害后未落叶的枯梢，集中烧毁，是最有效的措施。 ● 成虫盛发期在枝干间捕杀成虫。雄虫有争偶现象，常有 3~5 头雄虫争 1 雌虫而集结在一起，用网兜捕捉。 ● 在被害枝条的最后第 2 个孔洞先用小枝梗塞，使幼虫不能倒退向上逃跑，然后从最后孔洞刺入钩杀。 ● 9~10 月以前可用棉花蘸氯化苦液，从枝上最下一个孔洞往下塞此药物，然后用稀泥严密封闭其上孔洞，下沉的氯化苦气体将毒杀下方的幼虫，或 80% 敌敌畏乳油 1∶20 药液灌注，效果好。药杀方法参照星天牛的防治方法。

柑橘象虫

症状 表现	成虫常群集食害柑橘春梢、夏梢叶片，将叶片咬得残缺不全或缺孔，有时在叶柄上留下叶脉和少量残缘。有时也为害果实，使幼果表面凹陷、缺刻，或食尽幼果仅留果蒂，引起落果。
习性 诊断	为害柑橘的象虫类主要有灰象虫、大绿象虫和小绿象虫等。灰象虫：在福州一年完成1代，少数两年完成1代，以成虫和幼虫在土壤中越冬，4~8月均见为害。大绿象虫：每年发生1代，以成虫或幼虫在土壤中越冬；翌年4月初成虫陆续出土，4中旬以后盛期，5月中旬以后转为害早夏梢。小绿象虫：在福建、广西和广东每年发生2代，以幼虫在土壤中越冬；第2年4月下旬至5月上旬第1代成虫出土，为害早夏梢；第2代成虫在7月中旬陆续出土，8月中旬至9月中旬发生盛期。
诊断 图片	 大绿象虫　　　灰象虫　　　小绿象虫
防治 关键	象虫类防治要在成虫大量出现，于树下铺塑料薄膜，振动树枝，使其掉落在薄膜上，收集掉落地的成虫并烧毁。
防治 要点	● 冬季采果后结合施肥，将树冠内土壤锄翻15厘米，将越冬的蛹和幼虫翻出，破坏其生活环境，以减少虫源。 ● 在成虫大量出现期，树下铺塑料薄膜，振动树枝，使其掉落在薄膜上，收集掉落地的成虫并烧毁。连续两次可基本上消除为害。 ● 在3~4月成虫大量上树前，于树干上包扎或涂抹粘胶环，阻止成虫上树，并逐日清除胶环上的虫体，集中销毁。但须注意，当胶环失去黏性时应及时更换或涂抹。粘胶用蓖麻油或桐油2千克，松香粉3千克，黄蜡0.05千克，先将油加热到约120℃时，缓缓加入松香粉，搅拌至完全溶化，但温度不得超过130℃，最后加入黄蜡，完全溶化后冷却即成。 ● 成虫盛期用90%晶体敌百虫或80%敌敌畏乳油800倍液、40%水胺硫磷乳油600~800倍液，24%万灵水剂800~1 000倍液或菊酯类杀虫剂喷布。

金龟子 [又称金龟甲]

症状表现	以成虫为害柑橘叶片、花，使叶片缺刻、孔洞，造成的伤口常引起病菌侵入。花期发生成虫取食花蜜、花粉和咬食花柱子房，造成花器残缺，影响授粉或子房皮部损伤，引起果实疤斑。
习性诊断	为害柑橘严重的有花潜金龟子、中华齿爪金龟子和茶色金龟子。花潜金龟：每年发生1代，以幼虫在泥土中越冬，每年4~5月羽化出土为害。中华齿爪金龟：一年发生1代，以幼虫在土壤中越冬，翌年春化蛹，于3月中旬陆续羽化出土为害；一般在新种植1~3年的柑橘树当年抽出的春梢受害最重。茶色金龟子：每年发生2代，以夏季和秋初盛发。金龟子的幼虫为蛴螬，在土壤中取食植物根部，在土中筑室化蛹。

花潜金龟

中华齿爪金龟　　　　　　　　红脚丽金龟

防治关键	掌握各种金龟子羽化为害期，晚上捉虫，盛发期也可利用黑光灯诱杀。
防治要点	● 通过翻耕土壤或对堆积有机肥堆进行翻转，拾除蛴螬集中处理，减少羽化成虫；掌握各种金龟子羽化为害期，晚上捉虫，盛发期利用黑光灯诱杀。 ● 果园中养鸡捕食潜藏的成虫和土壤中的幼虫。 ● 在成虫盛发期，在树冠喷布农药有防和杀的效果。药剂有：50%马拉硫磷乳油800~1 000倍液，50%辛硫磷乳油500倍液，90%晶体敌百虫800倍液。

黑蚱蝉 [又称黑蝉、知了]

症状表现	雌成虫将产卵器插入柑橘结果母枝、当年春梢或夏梢木质部造成"瓜"状卵窝，使枝梢失水逐渐干枯死亡。成虫吸取幼嫩枝梢的汁液，影响枝梢生长。黑蚱蝉各龄若虫潜伏土中，终年吮吸植株根部汁液，使树体衰弱。
习性诊断	黑蚱蝉需 4~5 年才完成 1 代。以卵在干枯枝梢内以及若虫在土壤中越冬。成虫喜群集栖息，中午、晚上多集中在通风且较独立生长的树干和枝条上，尤喜欢在楝科的苦楝、麻楝上。且有趋光扑火的习性。

黑蚱蝉产卵枝　　　　在卵窝内的卵粒　　　　成虫

防治关键	黑蚱蝉若虫上树前，可在树干基部包扎一圈塑料薄膜带，阻止若虫上树蜕皮。
防治要点	● 捕捉成虫，利用群栖和趋光扑火习性，于晚上举火把在成虫集中栖息的树下，以突然摇动树体，使其飞向火光可把翅膀烧伤而捕捉。 ● 剪除蝉卵的枝条，集中烧毁，减少其大量繁殖。 ● 松土除若虫，每年冬春进行园内松土，把将羽化的若虫从蛹室翻出，集中处理。 ● 黑蚱蝉若虫上树蜕皮羽化前，可在树干基部包扎一圈宽 8~10 厘米的塑料薄膜带，阻止老熟若虫上树蜕皮。 ● 尽量避免在果园附近栽植蚱蝉的其他寄主植物，以防转主为害。 ● 成虫羽化盛期，可喷布 20% 甲氰菊酯（灭扫利）乳油 2 000~2 500 倍液杀灭成虫，可收到一定效果。

白蛾蜡蝉 [又称青翅羽衣、青衣虫]

症状表现

若虫和成虫密集在枝条上吸食汁液，受害柑橘的枝干及叶片上遍布棉絮状白色蜡质，树势衰弱，果实品质变劣，其排泄的粪便可诱发煤烟病。

习性诊断

在广西南宁、福建龙溪和广东杨村一年发生2代，以成虫在叶片密闭处越冬。卵多产在嫩枝上，产卵最盛时期为3月下旬至4月。初孵若虫群集在枝梢上吸食汁液，同时分泌白色棉絮状蜡质物覆盖虫体和周围的枝、叶。田间成虫周年或可见，最盛期在8~9月，若虫在4月下旬至10月均能见到。

诊断图片

白蛾蜡蝉白翅型成虫　　　若虫在果柄处为害

防治关键

白蛾蜡蝉成虫盛发期为8~9月，可用网捕杀。

防治要点

● 成虫盛发期用网捕杀。
● 剪除过密枝条、虫卵枝和枯枝，集中烧毁，以利通风，防止产卵，减少虫源。
● 若虫盛发期用90%晶体敌百虫500~800倍液，喷时从树冠喷至树干，再喷至地面有虫受惊后跳落的地方。成虫盛发期用80%敌敌畏乳油800倍液，或用40%水胺硫磷乳油、20%灭扫利（甲氰菊酯）乳油、2.5%溴氰菊酯（敌杀死）乳油3 000~4 000倍液，效果很好。

恶性叶甲 [又称恶性叶虫、黑叶跳虫]

症状表现	成虫和幼虫均咬食嫩叶、嫩茎、花和幼果。成虫将叶片咬吃成仅留叶面表皮，或将叶片吃成缺刻。幼果被吃成小洞而脱落。幼虫常多头聚集于一嫩叶片上取食并分泌黏液、排泄粪便负在虫背上，故称"牛屎虫"。严重时一嫩梢的叶片多达数十头幼虫为害，使嫩叶只存叶面表皮而枯焦，似被火烧而脱落。该虫在山区果园发生较多。是春梢期为害极严重的害虫，可造成树势下降，产量减少。
习性诊断	福建南部、湖南（湘西、湘中）一年发生3~4代，广东（潮阳）6~7代。多以成虫在树干的地衣，苔藓下或霉桩、树穴、杂草、枯枝卷叶和松土中越冬。第1代幼虫发生数量多，为害最重，到第2、第3代虫口数量减少、为害较轻。第1代幼虫4~5月是盛发期。广东第1代幼虫于3月下旬至4月上旬为害春梢叶片。在福建南部，1代幼虫4月上旬盛发。果园管理差，柑橘树上多霉桩、苔藓、地衣均有利于发生。
诊断图片	  幼虫在咬食叶肉　　　　　　　　恶性叶甲成虫(放大)
防治关键	恶性叶甲第1代幼虫孵化率达到40%时开始喷药保护春梢。
防治要点	● 彻底清除柑橘树上霉桩、苔藓、地衣，堵塞树洞及促进伤口愈合。修平霉桩、残痕伤口，可用石灰砂浆荡平，或用1∶1的牛粪与泥土混合封闭伤口；清除苔藓和地衣可用松脂合剂，春季用10倍液，秋季用18倍液或结合树干涂白时进行。 ● 成虫具假死，可摇落捕杀；幼虫有爬到主干或附近土中化蛹的习性，在主干上捆扎稻草可诱集幼虫化蛹，集中烧毁。 ● 第1代幼虫孵化率达到40%时开始喷药保护春梢，可用2.5%敌杀死（溴氰菊酯）乳油2 000~3 000倍液，90%晶体敌百虫800倍液，40%水胺硫磷乳油800倍液，50%马拉硫磷乳油800~1 000倍液，为害严重的果园隔7天再喷1次。

橘潜甲 [又称橘潜叶蟓]

症状 表现	主要取食叶片，花蕾和果实有时也受害。成虫取食叶片背面叶肉和嫩芽，仅留叶片表面，幼虫蛀食叶肉，使叶上出现宽短的亮泡状蛀道，其中有由幼虫排泄物形成的黑线。被成虫、幼虫为害的叶片不久便萎黄脱落，受害严重时全株嫩叶相继脱落。
习性 诊断	一年1代，少数有2代，以成虫在树皮等处越冬。越冬成虫一般在3月下旬至4月上旬产卵于春梢嫩叶上，4月上旬至5月中旬为幼虫为害期，5月至6月上旬是当年羽化成虫为害期。成虫白天活动，常栖息在树冠下部嫩叶背面，以食嫩叶为主。幼虫孵化后从叶背边缘或叶背钻入表皮下取食叶肉，蛀出宽短或弯曲的隧道，在新鲜的隧道中央有1条黑色的幼虫排泄物线。

橘潜甲成虫　　　　　　　　　　　　　　　橘潜甲幼虫及叶片被潜的虫道

防治 关键	橘潜甲防治可在越冬成虫活动期和产卵高峰期各喷药1次。
防治 要点	● 在冬、春季结合清园清除地衣、苔藓等成虫藏匿之地，铲出后集中烧毁。同时做好树干、枝条涂白工作，清除越冬成虫，在4~5月及时扫除落叶并烧毁。 　　● 越冬成虫活动期和产卵高峰期用药参照恶性叶甲的防治，也可在上述时期用40%水胺硫磷乳油或80%敌敌畏乳油800倍液杀成虫。在低龄幼虫高峰期用20%灭扫利（甲氰菊酯）乳油2 500~3 000倍液，50%乐果乳油800~1 000倍液，或50%马拉硫磷乳油800~1 000倍液喷杀。 　　● 在成虫盛发期，地面铺塑料薄膜，摇动树冠，收集落下的成虫，集中烧毁。

柑橘椿象

症状表现	若虫和成虫以针状口器插入果实、嫩梢和叶片吸取汁液，以为害果实为主。被害叶片枯黄、嫩梢变褐干枯。幼果受害后由于果皮油胞受到破坏，果皮紧缩变硬，果小汁少。后期受害果实变黄，引起落果。
习性诊断	为害柑橘的椿象类害虫主要有长吻蝽、麻皮蝽和稻绿蝽。长吻蝽：一年发生1代，广东可发生2代；7~8月为低龄若虫发生盛期；第1代若虫7~8月为害果实，第2代卵于10月孵化为害果实。麻皮蝽：在湖南、广东等地每年发生2~3代；6月、8~9月和10月为各代成虫的发生期。稻绿蝽：广东杨村、广西桂林等地每年发生3代，第1代成虫出现在6~7月，第2代成虫于8~9月盛发，第3代成虫在10~11月出现。

诊断图片	

稻绿蝽成虫（左上：全绿型，左下：黄肩型，右：黄翅型）

长吻蝽成虫在交尾

麻皮蝽在果实上为害

防治关键	掌握椿象产卵习性，当发现1只若虫时，一般有14头若虫分散在树冠各处为害，要仔细摘除叶上卵块和查捉若虫。
防治要点	● 雨天或清晨露水未干时捕捉栖息于树冠外面叶片上成虫。 ● 5~9月摘除叶上卵块和查捉若虫，在一株树上发现1只若虫时，一般有14头若虫分散在树冠各处为害。此时应细心查找，彻底捉除。 ● 利用黄猄蚁捕食成、若虫或在5~7月进行人工繁殖寄生蜂在果园释放。 ● 1~2龄若虫盛期，寄生蜂大量羽化前对虫口密度大的果园进行挑治。
推荐药剂	90%晶体敌百虫800~1 000倍液，80%敌敌畏1 000倍液，40%水胺硫磷800~1 000倍液，2.5%溴氰菊酯（敌杀死）2 000~3 000倍液。

柑橘花蕾蛆 [又称柑橘蕾瘿蝇]

症状表现	只为害柑橘类。成虫产卵多在花蕾开始露白时，以幼虫在花蕾内蛀食其组织，使花药花丝成褐色。有虫花蕾外形较正常花蕾短，但横径显著增大，形似灯笼。花瓣略带绿色，并有绿色小点，导致被害花蕾不能正常开放和授粉，最后枯萎脱落，严重影响产量。
习性诊断	每年发生 1 代，部分地区发生 2 代，以幼虫在土中越冬。柑橘现蕾时成虫羽化出土，白天潜伏于地面，夜间活动和产卵。花蕾直径 2~3 毫米，顶端松软时，产卵在子房周围。幼虫孵化后在子房周围为害，使花瓣变厚，花丝花药缩短成褐色，并产生大量黏液以增强其对干燥环境的适应力。 　　柑橘花蕾蛆的发生和为害程度与环境关系密切，阴雨有利成虫出土和幼虫入土，低洼阴湿果园、阴面果园和荫蔽果园，沙土均有利于发生。
诊断图片	 被害花蕾花瓣绿色肿大　　　　　花蕾蛆幼虫及花瓣
防治关键	应掌握在幼虫盛发期（3 月下旬至 4 月上、中旬）进行防治。现蕾初期或谢花初期地面撒药可防止当年花蕾受害和减少来年花蕾蛆虫口量。
防治要点	● 成虫出土前（即现蕾初期）或幼虫入土初期（即谢花初期）选用以下一种农药，每亩用量为：10% 二嗪农颗粒剂 1 千克，3% 地虫克星（含辛硫磷）颗粒剂 4 千克，3% 呋喃丹颗粒剂 1 千克，与 15 千克细土混匀后撒施地面，可防止当年花蕾受害和减少来年虫口数量。 ● 在柑橘现蕾初期，成虫出土后，立即抓紧树冠喷药。 ● 在花蕾期及时摘除被害花蕾，集中处理杀死幼虫。 ● 结合冬季深翻或春季、浅耕园土，可压低次年虫口基数。
推荐药剂	90% 晶体敌百虫 800~1 000 倍液，10% 氯氰菊酯乳油 3 000 倍液，50% 辛硫磷乳油 1 000~1 500 倍液，40.7% 乐斯本乳油 2 000 倍液。每隔 5~7 天喷 1 次，连续喷 2 次。

柑橘小实蝇 [又称东方实蝇、果蛆]

症状表现	幼虫蛀食果肉，常引起果实未熟先黄，果实腐烂，造成严重落果。
习性诊断	一年3~5代，世代重叠，各虫态并存，但在有明显的冬季地区以蛹越冬。成虫产卵于初熟果实果皮下1~4毫米处的果瓤与果皮之间，产卵处有针刺状小孔，常有汁液溢出凝成胶状乳突，后呈灰色或红褐色斑点。产卵孔多在果腰处。 在广东，一年中从4月中旬以后逐渐增多，7-9月是盛发期，9月达到最高峰。每年同期发生严重程度又与当年晴雨天气及食物链有关。

成虫在果实上产卵为害　　　　成虫在吸吮嫩叶伤口处的汁液

诊断图片	
防治关键	柑橘小实蝇的防治要禁止在发生区购买带土苗木和调运鲜果到无虫区，尤其是新开发种植区。
防治要点	● 禁止在害虫发生区域购买带土苗木和调运鲜果到无虫区。 ● 果园内和周边不种成熟期不同的其他水果品种，减少食料，切断食物链。 ● 诱杀成虫。用甲基丁香酚雄性诱捕剂置在诱捕器内，挂在果园边诱杀雄虫。同时在果实开始转色时用90%晶体敌百虫1 000倍液加红糖1：35溶液喷布园边柑橘树。每隔5株喷1株，每株喷1/2树冠，若发生较严重时，可加入适量的上述诱捕剂一并诱杀，每隔5天1次。 ● 成虫发生季节及时喷药。 ● 清洁果园，及时摘除被害果实和拾净落地果，深埋或火烧。冬春果园翻土，杀死虫蛹。 ● 有条件的园区可以采用套袋防虫，如柚类、脐橙品种。 ● 加强预测预报，建立统一防治的机制，以保一个区域内的有效防治。
推荐药剂	40.7%乐斯本乳油1 000倍液，10%氯氰菊酯（灭百可）乳油2 000倍液，2.5%敌杀死乳油2 500~3 000倍液。

柑橘蓟马

症状表现	以成虫、幼虫吸食植株嫩叶、嫩梢、花和幼果的汁液。幼果受害后表皮油胞破裂，逐渐失水干缩，呈现不同形状的木栓化银白色斑痕，斑痕随着果实膨大而扩大。嫩叶受害后，叶片变薄，中脉两侧出现灰白色或灰褐色条斑，表皮呈灰褐色，受害严重时叶片扭曲变形，生长势衰弱。 柑橘蓟马和茶黄蓟马为害嫩叶、嫩梢、幼果，花蓟马只取食花朵，引起落花。前两者刺吸幼果，致受害处产生银灰色疤斑，喜在幼果萼片或果蒂周围取食，但也有少部分在果腰部位为害，导致疤斑很大。
习性诊断	气温较高地区每年可发生7~8代，以卵在秋梢新叶组组内越冬。翌年3~4月孵化为幼虫，在嫩芽和幼果上取食。田间4~10月均可见，以谢花后至幼果直径4厘米期间为害最烈。第1、2代发生较整齐，是主要为害世代。在广东于7月的夏梢受害尤其严重。

诊断图片	 果实被害状　　　　　　　　　嫩芽及叶片被害状

防治关键	主要为害时期是5~6月，防治要抓住在谢花后至幼果直径4厘米时进行。
防治要点	● 主要发生期进行地面覆盖可减轻为害。 ● 药剂防治。在花期和幼果期应加强田间检查，一般每7天检查1次，当发现谢花后5%~10%的花或幼果有虫时，或幼果直径达1.8厘米后20%的果实有虫时，应即喷药防治。
推荐药剂	35%辛硫磷乳油1 200~1 500倍液，50%马拉硫磷乳油1 000~1 200倍液，50%杀螟松乳油1 000~1 200倍液，80%敌敌畏乳油800倍液，90%晶体敌百虫800倍液。